JN295516

法政大学イノベーション・マネジメント研究センター叢書 | 6

# ネット・リテラシー
## ソーシャルメディア利用の規定因

西川 英彦
岸谷 和広
水越 康介
金 雲鎬
［著］

東京 白桃書房 神田

# はしがき

「なぜ，ソーシャルメディアの栄枯盛衰があるのだろうか」。この素朴な問いが，本研究のプロジェクトの出発点となる。2008年初め，共著者である水越康介と金雲鎬と共に，経済産業省による NEDO の支援を受け，当時まだネット・コミュニティと呼ばれていたソーシャルメディアの競争優位についての研究のため，米国のソーシャルメディアを運営する企業を調査していた。この NEDO の研究自体は，著者らの前書『仮想経験のデザイン──インターネット・マーケティングの新地平』（有斐閣，2006年）における，持続するソーシャルメディアの条件を探索するという研究課題の継続的な要素をもっており，国際的な競争優位の条件を探索するというものであった。その海外調査の際に場所がうまく見つからず，仕方なくロサンゼルスのカフェの一角で，当時 UCLA で研究留学をしていた坊農真弓の研究報告会を行うことになった。その休憩中の雑談の中で，偶然に生まれたのが冒頭の問いである。

雑談を続けるうちに，前書で取り上げたソーシャルメディアに対して，世間では「飽き」や「疲れ」という感想が言われだしているという話になった。ソーシャルメディアの栄枯盛衰を考えるにあたって，競争優位の条件だけを見ていても限界があり，ユーザー側の能力，すなわちリテラシーの状態との関係を見る必要があるのではないか，という議論にまで発展した。

その後，2008年から翌年にかけて，改めて前書で取り上げているサイトや，国内外の代表的なサイトを調べていく中，ユーザーのネット・リテラシーを意識し，その変化を考慮してマネジメントしている事例がいくつか見つかった。こうした調査を経て，NEDO の報告書（西川・水越・金 2009）では，ネット・リテラシーをマネジメントすることが競争優位には重要であるという結論で締めくくった。

だが，そもそものネット・リテラシーとは何か，そしてサイト利用との関

係はどうなっているのか，という課題は明らかになっておらず，同じ関心をもち前書の著者でもある岸谷和広を加えて，翌年 2010 年に吉田秀雄記念事業財団の資金を獲得し研究を続けた。理論研究からはじめ，日本の代表的なソーシャルメディアである mixi を対象に，デプスインタビューや，歴史的事例調査，質問票調査など複数の研究を，都度メンバーで議論しつつ，丹念に進めてきた。さらに，その時点では詳細な分析には至らなかったが facebook を対象にした国際的な質問票調査も実施することができた。議論のためには，メンバーが東西に分かれていたため何度か新幹線で往復することになった。研究期間が 1 年と限られていたが，逆に密度の濃い研究を一気に行うことができた。こうした複数の調査や繰り返しの打ち合わせのため多額の経費がかかったが，それには吉田秀雄記念事業財団のサポートがなければできなかった仕事である。そうしてできたのが，第Ⅰ，Ⅱ部の理論研究，国内調査の各章である。さらに，この成果は吉田秀雄賞の奨励賞まで頂くことになり，財団には重ねてお礼を申し上げたい。

　その後も，成果を発展させるべく，そして facebook の国際データの詳細な分析のためにも，メンバーでの研究会を実施し，ネット・リテラシーの研究を続けた。そうしてできたのが，第Ⅲ部の国際調査の各章である。同時に，第Ⅰ，Ⅱ部を通した全体の見直しも行い，成果をまとめてきた。この継続研究のための経費ならびに本書の出版は，法政大学イノベーション・マネジメント研究センターの出版助成ならびに研究資金などのサポートがなければできなかった仕事である。

　こうしたサポートと密度の濃い継続的な研究を通して，「ネット・リテラシー」の概念構築や尺度開発，それらとソーシャルメディア利用との関係を明らかにすることができた。その詳細は，本論に譲るが，冒頭でみたようなソーシャルメディアの栄枯盛衰が現実に起きている中，これからのソーシャルメディアの展開を考える上で，ネット・リテラシーは不可欠な概念ではないかと考える。こうした成果を生み出せたのは，私たちの喜びとするところである。

それとともに，この研究プロジェクトを支えて頂いた多くの人に感謝したい。デプスインタビューでお世話になったイーライフの杉山麻喜，石井順子の各氏。執筆者として名前は残らないが，研究会等で貢献してくれた小林明子，坊農真弓，山本晶，横山斉理の各氏。研究資金のサポート頂いた吉田秀雄記念事業財団と事務局の方々。研究資金ならびに出版助成金をサポート頂いた法政大学イノベーション・マネジメント研究センターと，同センターの田路則子所長，宇田川勝，矢作敏行の各先生，事務室の堀江一乃主任をはじめとする事務の方々。最後に，本書の刊行をお引き受け頂くだけでなく，丁寧な編集・校正をして頂いた白桃書房と，大矢栄一郎社長。

　ご支援頂いたこれらの方々に，言葉を尽くしても感謝の気持ちは表せそうもないが，あらためて執筆者を代表して心よりお礼を申し上げたい。

　2013年1月

西川英彦

# 目　次

第Ⅰ部　研究概要と理論研究………………………………………1

## 序章 ………………………………………………………………3

序-1　研究目的と背景　3
序-2　研究課題と方法論　5
序-3　研究対象　6
序-4　構成　7
　　序-4-1　第Ⅰ部　研究概要と理論研究　7
　　序-4-2　第Ⅱ部　国内調査　8
　　序-4-3　第Ⅲ部　国際調査　10

## 第1章　ソーシャルメディアに関する先行研究………13

1-1　ネット・コミュニティからソーシャルメディアへ　13
1-2　ソーシャルメディアの発展　15
　　1-2-1　ネット・コミュニティとは何か　15
　　1-2-2　ネット・コミュニティの論理　16
　　1-2-3　ソーシャルメディアへと向かう技術変化　19
　　1-2-4　ソーシャル・ネットワーキング・サービスの登場　21
　　1-2-5　ソーシャルメディアの現在形　24
1-3　理論的課題　25
　　1-3-1　口コミ研究　25
　　1-3-2　ブランド・コミュニティ研究　27

1-3-3　アンチ・ブランド・コミュニティ研究　28
1-4　まとめ　32

## 第2章　ネット・リテラシーに関する先行研究……33

2-1　メディア利用研究におけるインターネット利用の規定因　33
2-2　メディア・リテラシーに関する先行研究レビュー　35
2-3　メディア・リテラシーとネット・リテラシー　37
2-4　ネット・リテラシー　40
　2-4-1　ネット・コミュニケーション力　40
　2-4-2　ネット操作力　42
　2-4-3　ネット懐疑志向　43
2-5　まとめ　44

第Ⅱ部　国内調査……45

## 第3章　予備調査：サイト利用状況調査……47

3-1　調査概要　47
3-2　ソーシャルメディアの利用動向　48
3-3　サイト利用とメディア・リテラシーの探索的分析　53
3-4　まとめ　57

## 第4章　探索的調査：デプスインタビュー……59

4-1　研究方法　59
4-2　インタビュー内容　59
　4-2-1　ネット操作力　60

4-2-2　ネット・コミュニケーション力　61
　　　4-2-3　ネット懐疑志向　67
　4-3　まとめ　68

## 第5章　研究課題と仮説構築……………………………………69
　5-1　ネット・リテラシーとサービス利用との相互依存関係　69
　5-2　ネット・リテラシー概念の尺度開発　69
　5-3　サイト離脱者と継続者とのネット・リテラシーの比較　70
　5-4　ネット・リテラシーとサイト利用頻度との関係　70

## 第6章　ネット・リテラシーとサイト利用の歴史的調査
　　……………………………………………………………73
　6-1　研究方法　73
　6-2　mixiの概要　74
　6-3　mixiのサービスの変遷とネット・リテラシー　78
　6-4　ネット・コミュニケーション力　84
　　　6-4-1　2004年のサービスとネット・コミュニケーション力　84
　　　6-4-2　2005年のサービスとネット・コミュニケーション力　88
　　　6-4-3　2006年のサービスとネット・コミュニケーション力　89
　　　6-4-4　2007年のサービスとネット・コミュニケーション力　90
　　　6-4-5　2008年のサービスとネット・コミュニケーション力　92
　　　6-4-6　2009年のサービスとネット・コミュニケーション力　93
　　　6-4-7　2010年のサービスとネット・コミュニケーション力　95
　　　6-4-8　サービスとネット・コミュニケーション力のまとめ　95
　6-5　ネット操作力　97
　　　6-5-1　2004年のサービスとネット操作力　97

    6-5-2　2005年のサービスとネット操作力　98
    6-5-3　2006年のサービスとネット操作力　98
    6-5-4　2007年のサービスとネット操作力　99
    6-5-5　2008年のサービスとネット操作力　100
    6-5-6　2009年のサービスとネット操作力　101
    6-5-7　2010年のサービスとネット操作力　102
    6-5-8　サービスとネット操作力のまとめ　103
  6-6　ネット懐疑志向　104
    6-6-1　2004年のサービスとネット懐疑志向　104
    6-6-2　2006年のサービスとネット懐疑志向　105
    6-6-3　2007年のサービスとネット懐疑志向　105
    6-6-4　2008年のサービスとネット懐疑志向　106
    6-6-5　2009年のサービスとネット懐疑志向　107
    6-6-6　2010年のサービスとネット懐疑志向　107
    6-6-7　サービスとネット懐疑志向のまとめ　108
  6-7　まとめ　109

## 第7章　サイト離脱・継続者のネット・リテラシー比較調査　111

  7-1　研究方法　111
  7-2　尺度　112
  7-3　信頼性と妥当性　113
  7-4　分析結果　115
  7-5　まとめ　116

## 第8章　ネット・リテラシーと利用頻度の調査 ……………117

 8-1　研究方法　117

 8-2　尺度　118

 8-3　信頼性と妥当性　120

 8-4　分析結果　121

 8-5　まとめ　123

## 第9章　考察と新たなる研究課題 ……………………………125

 9-1　研究成果　125

  9-1-1　ネット・リテラシーとサイト利用との相互依存関係　126

  9-1-2　ネット・リテラシー概念の尺度開発　126

  9-1-3　サイト離脱者と継続者とのネット・リテラシーの比較　126

  9-1-4　ネット・リテラシーとサイト利用頻度との関係　127

  9-1-5　まとめ　127

 9-2　新たな研究課題　128

  9-2-1　ネット・リテラシー概念の尺度の追試　128

  9-2-2　ネット・リテラシーとサイト利用の国際比較　128

  9-2-3　サイト離脱者と継続者のネット・リテラシー比較の追試　129

  9-2-4　ネット・リテラシーの利用頻度や態度への影響　129

### 第Ⅲ部　国際調査 ……………………………………………………………… 131

## 第10章　研究課題と仮説構築 ……………………………………………… 133

10-1　ネット・リテラシー概念尺度の追試　133

10-2　ネット・リテラシーとサイト利用の国際比較　133

10-3　サイト離脱者と継続者のネット・リテラシーの比較の追試　134

10-4　ネット・リテラシーのサイト利用頻度や態度への影響モデルの精緻化　135

## 第11章　ネット・リテラシーとサイト利用の国際比較調査 ……………… 137

11-1　研究方法　137

11-2　尺度　138

11-3　信頼性と妥当性　140

11-4　分析結果　142

11-5　まとめ　144

## 第12章　サイト離脱・継続者のネット・リテラシー国際比較調査 ……… 145

12-1　研究方法　145

12-2　尺度　146

12-3　信頼性と妥当性　146

12-4　分析結果　149

12-5　まとめ　150

## 第 13 章　ネット・リテラシーと利用頻度・態度の国際調査 ……………………………… 153

- 13-1　研究方法　153
- 13-2　尺度　153
- 13-3　サイト利用頻度への影響の分析結果　156
- 13-4　サイト態度への影響の分析結果　157
- 13-5　まとめ　160

## 終章 …………………………………………………………………………… 163

- 終-1　研究成果　163
  - 終-1-1　ネット・リテラシー概念尺度の国際的追試　163
  - 終-1-2　ネット・リテラシーとサイト利用の国際比較　164
  - 終-1-3　サイト離脱者と継続者のネット・リテラシー比較の追試　165
  - 終-1-4　ネット・リテラシーの利用頻度や態度への影響　166
- 終-2　全体のまとめ　167
- 終-3　理論的・実践的貢献と今後の課題　168

## 補論：匿名性とサイト利用の調査　171

- 補-1　はじめに　171
- 補-2　インターネットと匿名性　171
- 補-3　mixi のサイト利用動向　173
- 補-4　匿名・実名性とサイト利用の関係　174
- 補-5　まとめ　175

付録：日米韓 facebook 質問票　　177

　　参考文献　　183

# 第 I 部

# 研究概要と理論研究

# 序章

## 序-1　研究目的と背景

　本研究の目的は，ソーシャルメディア利用の規定因となりうる，ユーザーのネットに関わる能力である「ネット・リテラシー」を明らかにすることにある。この試みは，インターネットというメディアの特性をユーザーとの関係の中で捉え直すものであるとともに，時間の中で変化するユーザーの属性を捉えるものである。

　インターネットの登場からわずかの間に，かつてはネット・コミュニティと呼ばれていたソーシャルメディアは大きな変化を遂げていった。こうした名称の変化からみても，その変化の状況は明らかであろう。日本でも，かつては 2ch に代表されたであろうソーシャルメディアは，今では mixi や facebook あるいは Twitter のように別の形をとるようになっている。こうしたソーシャルメディアの変化は，ユーザーの利用動向からも見ることができる[1]。2002 年ごろより多くのサイトの利用者数が増え，2004 年ごろからは新しいサイトも急激に利用者を増やし，一方で初期のいくつかのサイトは，緩やかに利用者数が減少傾向にあるようにも見える。

　こうしたソーシャルメディアの歴史的発展とともに，多くの研究がなされ，その特性が考察されてきた。その発展を前提として，理論的研究では，効果的なプロモーションツールとしての利用が期待されるとともに，コミュニティそれ自体の独自性が示されてきたわけである。さらにコミュニティに関する研究では，アンチ・ブランド・コミュニティ研究（Hollenbeck and Zinkhan 2006, 2010）のように，ブランドを評価するというだけではなく，

---

[1]　ネットレイティングス（2008）。なお，推移データは次章に掲載する。

批判的に捉えようという試みや，ネット上での行動を前提としたユーザーたちの能力に関わる変化に対する考察も行われてきた。

　ネット・コミュニティの形がさまざまありえるということ，またその形が時間的にも変化してきたということが意味しているのは，そこに参加するユーザーもまたさまざまにありえ，そして変化してきたということではないだろうか。だが，先行研究ではコミュニティの変化や，それに参加するユーザー自身の変化を歴史的には捉えきれているとはいえない。

　ブランド・コミュニティ研究においても，こうしたユーザーの能力の変化を明らかにしつつも，残念ながらユーザー側の能力を捉える具体的な概念を有していない。そのために，ユーザーの実際の行動を記述するだけにとどまっている。まさに，ネット・リテラシー概念の尺度開発が必要とされるわけである。

　一方，ネット・リテラシーについての先行研究としては，メディア利用研究が位置づけられる。メディア利用研究では，インターネット利用やリテラシー概念に関して，さまざまな形で多大な研究がなされていた。中でも，インターネット媒体は，伝統的な媒体とは違いその用途に多様性が存在するという特徴をもつと指摘される。それゆえ，インターネット利用とその用途の多様性を説明するものとして，社会心理学的な視点で理解するメディアの利用と満足という研究群が存在する。そうした視点では，さまざまなメディア利用に際する動機やニーズを解明することを目的として研究が行われてきた。

　こうした中，伝統的な媒体を対象とするメディア・リテラシー概念の研究は蓄積されてきているが，ネット・リテラシーについての研究は，ほとんど行われていない。そのネット・リテラシーについての先駆的な研究においても，機器の使用に関する能力に限定されたものであり（e.g. Dinev and Hart 2006），体系的にネット・リテラシー概念が整理できているとはいえない。

　このように，ネット・リテラシー概念の構築，さらにはネット・リテラシーとソーシャルメディア利用との関係を明らかにすることは，ソーシャル

メディアやメディア利用を研究するものからも，実際にソーシャルメディアを運営・利用するものからも期待されるものであり，本研究は理論的にも実践的にも意義のあるものだといえる。

## 序-2 研究課題と方法論

本研究では，国内調査と国際調査という大きくふたつの調査が計画される。最初に国内調査が行われ，その結果を受けて国際調査が進められることになる。以下では，順にそれぞれの研究課題と，その方法論を確認していく。

まず，国内調査では，上で述べた研究背景をはじめとした先行研究レビューはもとより，それを手がかりに実施する探索的調査および検証的調査を通して，具象化されていくこととなる次の4つの研究課題が挙げられる。

まず，第1の研究課題としては，ネット・リテラシーとサイト利用との相互依存的関係の実証である。これは先行研究レビューからの理論課題である。その方法論としては，探索的調査としてデプスインタビューが行われた上で，検証的調査として歴史的事例研究により例証が行われることになる。

次に，第2の研究課題としては，ネット・リテラシー概念の尺度開発である。同じくこれも，先行研究レビューからの理論課題のひとつである。その方法論としては，先行研究が参考にされつつ，探索的調査としてユーザーへのデプスインタビューが行われた上で，検証的調査として歴史的事例研究による傍証，そしてユーザーへの質問票調査による探索的・確認的因子分析を通して尺度開発が行われる。

第3の研究課題としては，サイト離脱者と継続者のネット・リテラシーの比較である。これは，サイト利用状況分析の予備調査から具象化される課題である。その方法論としては，デプスインタビューを通して仮説化され，ユーザーへの質問票調査により検証が行われる。

第4の研究課題としては，ネット・リテラシーのサイト利用頻度への影響の検証である。これも，先行研究レビューからの理論課題である。その方法論としては，先行研究をもとに，探索的調査として予備調査，そしてデプス

インタビューが行われた上で仮説化され，ユーザーへの質問票調査により検証が行われる。

続いての国際調査では，先行研究レビューはもとより，国内調査の結果を受けて，具象化されていくこととなる次の4つの研究課題が挙げられる。

第5の研究課題としては，ネット・リテラシー概念尺度の追試である。先にみた研究課題2のネット・リテラシー概念の尺度開発について，国際的なデータを通して追試が行われる。その方法論としては，日本・米国・韓国（以下，日米韓）のユーザーへの質問票調査により妥当性や信頼性が検証される。なお，以下の課題においても同様の方法論によって探求される。

第6の研究課題としては，ネット・リテラシーとサイト利用の国際比較である。研究課題1のネット・リテラシーとサイト利用との歴史的な相互依存関係の考察を通して，もたらされることとなる課題である。

第7の研究課題としては，サイト離脱者と継続者のネット・リテラシーの比較の追試である。研究課題3のサイト離脱者と継続者のネット・リテラシーの比較について，国際的なデータを通して追試が行われる。

最後に第8の研究課題としては，ネット・リテラシーのサイト利用頻度とサイト態度への影響の検証である。これは，研究課題4のネット・リテラシーのサイト利用頻度への影響の検証を通して，具象化されていくこととなる課題である。ネット・リテラシーを構成する複数の概念が交互作用効果をもち，サイト利用頻度とサイト態度へ影響を与える可能性が検討されることになる。

## 序-3　研究対象

本研究では，国内調査と国際調査において，それぞれ研究対象が設定され，研究が進められる。まず，国内調査の対象としては，ソーシャルメディアのmixiが選択される。その理由としては，次の2点が挙げられる。第1に，mixiは利用者数が多く，日本における代表的なソーシャルメディアだからである。mixiのユーザーは，調査時点の2011年1月で2265万人となる[2]。

なお，これらの点は，第3章のサイト利用状況分析のための予備調査でも確認されることとなる。第2に，mixiは2004年から開始され[3]，すでに7年間運営されている草分け的なソーシャルメディアだからである。一定の利用期間を経ることでユーザーのネット・リテラシーが変化するであろうことを想定すると，こうしたmixiあるいはmixiユーザーを対象に考察を進めることが有用と想定される。

次に，国際調査の対象としては，ソーシャルメディアのfacebookを選択する。その理由としては，次の2点が挙げられる。第1に，facebookは国際的に利用者数が多く，世界を代表するソーシャルメディアだからである。facebookのユーザーは，調査時点の2010年12月全世界で6億人を超える[4]。2004年に米国で開始され，その後英語圏で広まり，2008年に日本語版と韓国語版が始まった[5]。第2に，facebookは国によって使用言語は異なるものの，機能やデザインなど同じプラットフォームで展開されているからである。サイトの利用と，ユーザーのネット・リテラシーが関係するという本研究の根源的な課題を探求するには，適しているといえる。

## 序-4　構成

本書の構成としては，「研究概要と理論研究」，「国内調査」，そして「国際調査」の3部構成となる（図表序-1参照）。以下，それぞれの構成を順に確認していく。

### 序-4-1　第Ⅰ部　研究概要と理論研究

第Ⅰ部の研究概要と理論研究では，研究背景・目的・方法などの研究概要を確認する本章からはじまり，研究背景で簡単にみた本研究に関連するふたつの領域での先行研究のレビューが行われる。まず第1章では，ソーシャル

---

2　『ミクシィ2010年度第3四半期決算説明資料』。
3　『mixiプレスリリース2004年3月3日』。
4　『facebook ニュースルーム　タイムライン』。
5　『日本経済新聞』朝刊2008年5月19日付，p.9，『朝鮮日報』2008年5月26日付。

メディアに関する先行研究が確認され，そこでの理論課題が明らかにされる。ネット・リテラシーとサイト利用との相互依存的関係の分析（研究課題１）と，ネット・リテラシー概念の尺度開発（研究課題２）の必要性が提示される。第２章では，ネット・リテラシーに関する先行研究となるメディア利用研究が確認され，そこでの理論課題が明らかにされる。先行研究のレビューを通して，ネット上で積極的にコミュニケーションをとり多様な人々と関わることのできる「ネット・コミュニケーション力」，ネットの操作やネットで適切な情報を見いださせる「ネット操作力」，ネット上の情報を懐疑的にみる「ネット懐疑志向」という３つのネット・リテラシー概念が整理され，その尺度開発の必要性が示される（研究課題２）。

## 序-4-2　第Ⅱ部　国内調査

続く，第Ⅱ部の国内調査では，大きくは探索的調査，仮説構築，検証的調査というステップで進められる。まず最初のステップである探索的調査では，予備調査とデプスインタビューが実施される。第３章の予備調査では，ユーザーを対象に日本におけるいくつかの代表的なサイトの利用開始時期，利用頻度の状況が確認される。この利用状況から，mixiが本調査対象に適していることが再度確認されるとともに，mixiの利用期間が３年以上のユーザーについては，利用頻度が二極化する傾向があり，離脱という可能性も含めて考察する必要性が提示される（研究課題３）。第４章では，３年以上前からmixiに登録していて，現在継続しているユーザー（２名）と離脱しているユーザー（２名）を対象に，３つのネット・リテラシーを深く理解するためのデプスインタビューが行われる。その結果，ネット操作力とネット・コミュニケーション力は継続者が高い可能性が提示される。一方，ネット懐疑志向は継続者と離脱者に明確な差は見られず，実証研究の必要性が提示される。さらに，３つのリテラシーが，mixiの利用頻度に影響を与えている可能性も示される（研究課題４）。

ふたつめのステップである仮説構築では，研究課題の整理と仮説構築が行

## 図表序-1　本書の構成

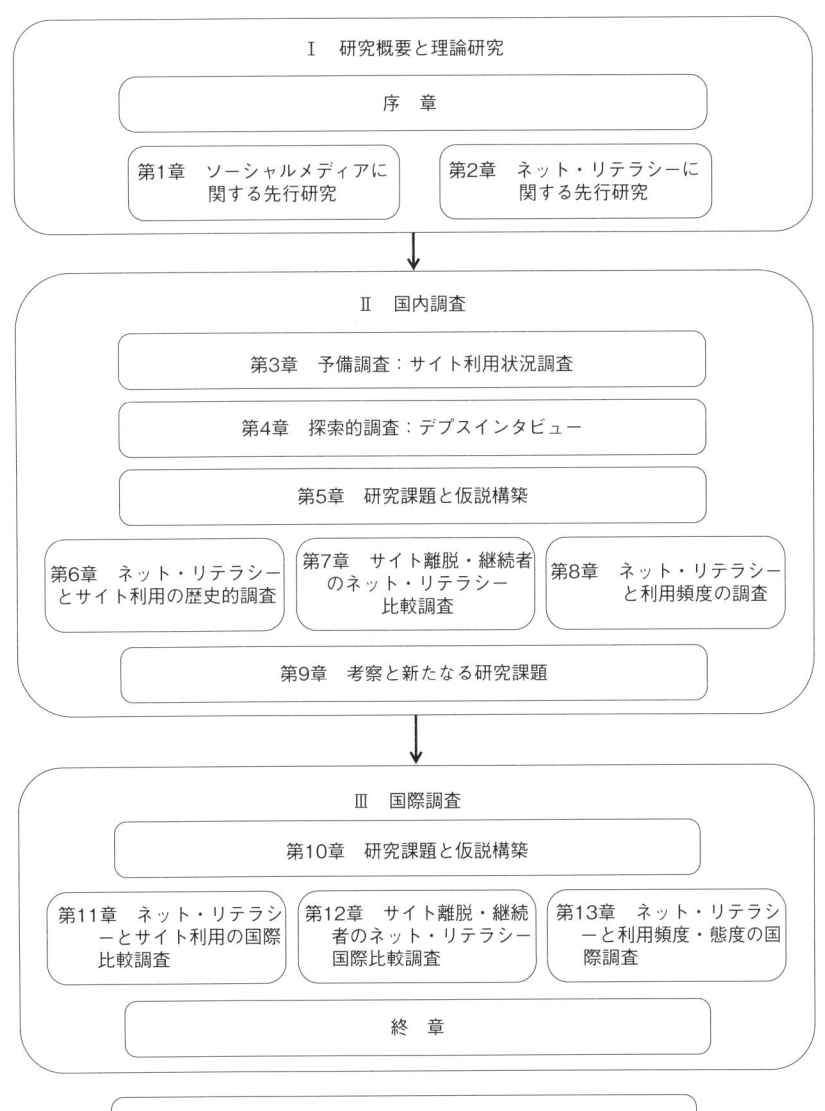

**Ⅰ　研究概要と理論研究**

序　章

- 第1章　ソーシャルメディアに関する先行研究
- 第2章　ネット・リテラシーに関する先行研究

**Ⅱ　国内調査**

- 第3章　予備調査：サイト利用状況調査
- 第4章　探索的調査：デプスインタビュー
- 第5章　研究課題と仮説構築
- 第6章　ネット・リテラシーとサイト利用の歴史的調査
- 第7章　サイト離脱・継続者のネット・リテラシー比較調査
- 第8章　ネット・リテラシーと利用頻度の調査
- 第9章　考察と新たなる研究課題

**Ⅲ　国際調査**

- 第10章　研究課題と仮説構築
- 第11章　ネット・リテラシーとサイト利用の国際比較調査
- 第12章　サイト離脱・継続者のネット・リテラシー国際比較調査
- 第13章　ネット・リテラシーと利用頻度・態度の国際調査
- 終　章

補論　匿名性とサイト利用の調査

(出所：著者作成)

われる。第5章では，先行研究からの理論課題と探索的調査をもとにした4つの研究課題の整理と，そこから導びかれた仮説構築が行われる。

最後のステップである検証的調査では，研究課題の検証のため，歴史的な事例調査と質問票調査を通して3つの実証研究が行われる。まず，第6章の歴史的調査では，第1の研究課題であるネット・リテラシーとサイト利用との相互依存的関係が，mixi の歴史的な事例分析を通して明らかにされる。ここでは同時に，第2の研究課題であるネット・リテラシーの概念の妥当性についても，事例分析の中で傍証される。次に，第7章の質問票調査では，mixi ユーザーを対象にして，第2の研究課題であるネット・リテラシー概念の尺度開発が探索的・確認的因子分析により行われるとともに，第3の課題である離脱者と継続者の3つのネット・リテラシーの比較が，平均値の差の検定を通して検証される。さらに第8章では，mixi 継続者を対象にして，ネット・リテラシーのサイト利用頻度への影響が重回帰分析によって検証される。同時に，サンプル範囲が異なり，コントロール変数が加わるために，再度ネット・リテラシー概念の探索的・確認的因子分析が行われ，ネット・リテラシー概念の尺度開発（研究課題2）の追試となる。

第Ⅱ部のまとめとして，第9章では，研究成果の整理と，新たな研究課題が提示される。新たな課題として，ネット・リテラシー概念の国際的な追試（研究課題5），ネット・リテラシーとサイト利用の国際比較（研究課題6），サイト離脱者と継続者の3つのネット・リテラシー比較の追試（研究課題7），そしてネット・リテラシーのサイト利用頻度やサイト態度への影響の検証（研究課題8）が示され，第Ⅲ部の国際調査が要請される。

## 序-4-3　第Ⅲ部　国際調査

最後の第Ⅲ部の国際調査では，第Ⅱ部国内調査を通してもたらされた4つの研究課題をもとにして，大きくは仮説構築，検証的調査というステップで進められる。ひとつめのステップである仮説構築として，第10章では，4つの研究課題の整理と，そこから導びかれた仮説構築が行われる。

ふたつめのステップである検証的調査では，国際的な質問票調査により3つの実証研究が行われる。まず，第11章の調査では，facebookユーザー（日本，米国，韓国）を対象にして，第5の研究課題であるネット・リテラシー概念の国際的な追試が確認的因子分析によって行われた上で，第6の研究課題であるネット・リテラシーやサイト利用の国際比較が分散分析によって確認される。

　次に，第12章の調査では，サイト離脱者を含めたfacebookユーザーを対象とし，第7の研究課題であるサイト離脱者と継続者の3つのネット・リテラシー比較の追試として，平均値の差の検定が行われる。さらに，第13章の調査では，facebookユーザーを対象にして，ネット・リテラシーの3要因が，サイト利用頻度あるいはサイト態度に対して交互作用効果をもたらすかどうかが重回帰分析によって検証される（研究課題8）。

　終章では，第Ⅲ部の研究成果と，その理論的・実践的貢献，そして今後の研究課題が整理される。最後に補論として，mixiユーザーを対象にして，ネット・リテラシーやサイト利用と，匿名実名との関係が検証される。

# 第1章
# ソーシャルメディアに関する先行研究

## 1-1 ネット・コミュニティからソーシャルメディアへ

　本章では，今日ではソーシャルメディアと呼ばれるようになったネット上のコミュニティサイトに焦点を当て，その変化を捉える。名称の変化を考えても明らかにように，インターネットの登場からわずかの間に，ソーシャルメディアは大きな変化を遂げてきた。日本でも，かつては2chに代表されたであろうコミュニティサイトは，今ではmixiやfacebook，あるいはTwitterのように別の形をとるようになっている。

　ソーシャルメディアの変化は，ユーザーの利用動向からも見ることができる。わかりやすいデータとして，ネットレイティングス (2008) における2000年4月から2008年3月までのPCによるソーシャルメディアの月別利用者数の推計値の推移をみてみよう（図表1-1参照）[6]。2002年ごろから，多くのサイトの利用者数が増えていったことがわかる。ソーシャルメディアを利用するユーザーの総数が増加しているということが最も大きな理由だろう。2004年ごろからは新しいサイトも急激に利用者を増やし，一方で初期のいくつかのサイトは，緩やかに利用者数が減少傾向にあるようにも見える。

　もちろん，サイト利用についての本質は変わらないとみることもできる。だが，われわれにはソーシャルメディアの変化もまた重要であるように思われる。いうまでもなく，ソーシャルメディアは客観的技術の集合として存在

---

6　利用者数は対象月に最低1回はPCを通じて該当サイトを利用した利用者数で，重複は除いたものが推定されている。つまり，ユーザーが対象月に複数回利用しても，利用者数は1人としか計算されていない。ここで選択されている9サイトは，2008年3月時点の利用者数上位のサイトである。なお，本章で取り上げるmixiの利用は後述するように2007年8月以降，PCより携帯電話での利用が多い。

## 図表 1-1 サイト利用者数の推移

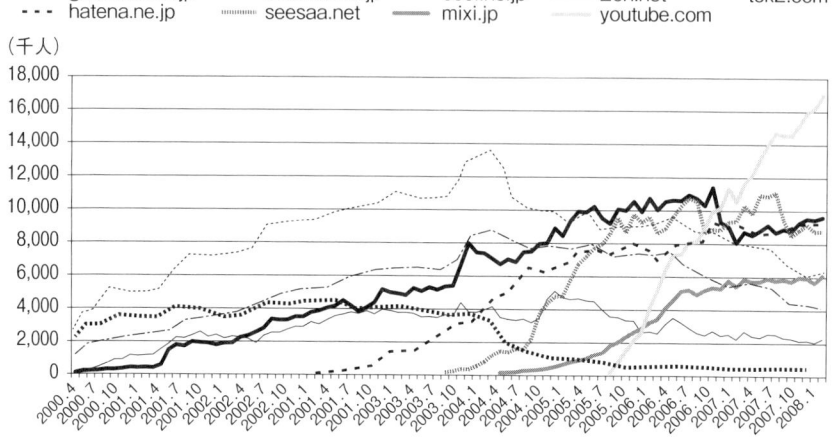

（出所：ネットレイティングス（2008）をもとに著者加工）

しているのではなく，社会やユーザーの利用とともにあるからである（栗木他 2009）。古くは電話というメディアが，社会とのあり方や実際の利用のされ方とともに変化していったように（Fischer1992, 吉見他 1992），ソーシャルメディアもまた，その名称はもとより当然変化し，またその変化の方向に社会的な意味があると考えたほうが自然であろう。

本章では，特に日本を中心としたソーシャルメディアの変化を歴史的に確認した上で，ソーシャルメディアを研究対象としてきた議論を考察する。前者の歴史においては，特にネット・コミュニティという呼び方がなされていたころ，ソーシャルメディアが短期間に実に高度化してきたということが示される。後者では，ソーシャルメディアにおけるユーザーのコミュニケーション活動の一般的性格が明らかにされる。いずれの議論も興味深いものであるが，その一方で，ソーシャルメディア自体の発展と，その中でのユーザーの活動の相互的な関係についてはこれまであまり焦点が当てられなかったように思われる。その理由は，ユーザーの変化を捉えるための理論的枠組

みや概念が整備されていなかったからである。これこそ、ネット・リテラシーに他ならない。

## 1-2 ソーシャルメディアの発展

### 1-2-1 ネット・コミュニティとは何か

そもそも、当初呼ばれていたネット・コミュニティとは何か、多くの場合、一般のリアル・コミュニティとの比較から定義が与えられてきた。リアル・コミュニティ自身の定義については、Redfield (1961) では、コミュニティにおける地理的制約が強調されており、コミュニティの特性として、特殊性、小規模性、同質性、自足性が挙げられている。このリアル・コミュニティと比較して、ネット・コミュニティの特徴は、地理的制約を超えるところにあると考えられる。例えば、Gumpert (1987) では、ネット・コミュニティは、地理的制約がなくなることによる「空間的な近接性」よりも「価値観の共有」によって形成されているとする。また、Reingold (1995) では、ネット・コミュニティについて、一定数以上の人々がコンピューターネットワークを通じて議論を行い、ネットワークをつくる時に実現されるものと定義される。

わが国でも、ネット・コミュニティの初期の研究といえる池田編 (1997) では、まずもってリアル・コミュニティについて、(1) 構成要因相互の交流があり、(2) 共通の目標・関心などの絆が存在し、(3) 一定の地理的範域を伴うという特性をもつとした上で、ネット・コミュニティでは地理的範域の制約が取り除かれ、交流や共通の目標・関心などが重要になるとする[7]。同様に、池尾編 (2003) も、まずもって通常のコミュニティについて、(1) 一定の地理的範囲の中で、(2) メンバー間で共通の関心が存在し、(3) 相互交流が行われている集団として理解されている[8]。そして、こうしたコ

---

7 池田編 (1997), p.9。こうしたコミュニティに対する定義は、社会学における「社会的相互作用」「地域性」「共通の紐帯」に対応している（森田 2005, p.106）。
8 池尾編 (2003), p.1。

ミュニティがインターネット上に成立することをもって，インターネット特有の性格を帯びたネット・コミュニティが成立すると考えていた。

以上の議論から，ネット・コミュニティは，基本的にリアル・コミュニティと同質であること，ただその存在がネット空間において成立することによって，地理的制約が緩められるものとして捉えられることがわかる。この定義はわかりやすく，有用であろう。

ただし，こうした定義は，ネット・コミュニティをわかりやすく捉えることを可能にする一方で，それが人々にとって一般的で普遍的なものであることを暗示させる点には注意が必要かもしれない。リアル・コミュニティ自体は，おそらく人々がこうして社会的生活を営むようになって以来存在してきたからである。このように考える限り，ネット・コミュニティの普遍的性格を議論することはできても，ネット・コミュニティのネットとしての固有性や，それゆえに引き起こされる相互の変化を捉えることは難しい問題となってしまう。われわれが問いたいと考えているのは，ネット・コミュニティがリアル・コミュニティとは異なり，ネットという特殊な空間に形成されているということを前提として，その中でユーザーの活動がどのように変化し，相互に影響を与え合ってきたのかという点にある。

### 1-2-2　ネット・コミュニティの論理

ネット・コミュニティについては，インターネットが登場する以前，パソコン通信の時代においても，例えばニフティにおけるフォーラムという形で存在していた。しかしながら，インターネットの登場は，こうした旧来から存在していたネット・コミュニティの規模を爆発的に拡大するとともに，そのこととも関連して新しい性質をネット・コミュニティに持ち込むことになった。

このことは，特にネット・コミュニティの前身といえるパソコン通信の世界でははっきりとしていた（水越・棚橋 2006）。ニフティ・サーブにおけるニフティ・フォーラムを考えてみればわかりやすい。当時，ニフティ・フォーラ

ムには，それぞれの目的に応じた掲示板が設置され，そこで日々熱い議論が交わされていたことはよく知られている。

このとき，ニフティ・サーブというコミュニティを支えていたのは，なによりもニフティ・サーブ上で語ることを望む多数のユーザーの存在であった。これは，今日のインターネットとは大きく異なり，パソコン通信のユーザーがそもそも限定的であったということや，それゆえに関与度の高いユーザーが多かったということと関係している。また，インターネットのような匿名性も必ずしも高くはなかったようである。

しかし，インターネット上にネット・コミュニティが形成されるようになると，事情が異なってくる。もはやユーザーは限定的ではなく，極めて一般化する。それに伴い，ネット・コミュニティにアクセスする人々は匿名性を増す。限定的な空間で少なからず顔が見えていたはずのコミュニティには，見ず知らずの人々が多数入り込み始める。そこでは，しばしばネット・コミュニティ研究において指摘されてきたように，発言を行う少数のメンバー（Radical Access Member：RAM）と，彼らの発言を見るだけの多数のメンバー（Read Only Member：ROM）が構成されるようになる。

RAMとROMの形成，それ自体は特に問題ではないが，通常のコミュニティとは異なり，両者の間には一種の能力の差が表れるかもしれない。さらに，ネット・コミュニティの持続性という点に関して言えば，必要とされるのはROMよりもRAMの存在であろう。多くのネット・コミュニティでは，静かに見ているだけの視線をコミュニケーションに引き込むことは難しい。ここに，RAMをRAMとして引きとどめるための仕組み，そしてできるのならばROMをRAMへと変換するための仕組みが必要とされることになる。

とはいえ，RAMをRAMとして引きとどめるもっとも基本的な仕組みは，コミュニティにもともと備わっていた可能性が高い。いわゆる互酬性の論理，あるいは交換の論理と呼ばれるものがそれである（水越 2009）。

この点については，例えば，石井・厚美編（2002）において考察される「ぷれままクラブ」の事例に端的にみてとることができる。ぷれままクラブ

は，妊婦向けのネット・コミュニティであり，妊娠・出産・育児に関連したコミュニケーションがユーザー間で活発に行われている。このとき，コミュニケーションが活発に行われることで，そのコミュニケーションに人々が集まり，また新たなコミュニケーションを呼び込むという好循環が生まれているという（石井・厚美編 2002, p.22）。

ぷれままクラブでは，それは具体的に次のように理解されている。まず，多くの場合，ユーザーは何か答えが欲しいと思ってそのサイトを訪れる。そしてまずは，RAM によって書き込まれた掲示板を観察し，自身の必要な情報を集める ROM になる。

それで答えが見つかれば十分であるが，見つからない場合もある。そのときには，勇気をもって書き込みを行わなくてはならない。まずはこのとき，ROM から RAM へと転換するというハードルがあるといえる。このハードルは，ネット・コミュニティの雰囲気と，当該ユーザーの性格によるところが大きいだろう。理由はどうであれ当該ユーザーが質問を書き込んだとき，そのユーザーはひとまず RAM になる。そして，書き込みを行った結果，もちろん返事が返ってこないこともあるが，多くの場合問いに対する答えが書き込まれるはずである。結果，最初のユーザーの目的は達成される。

問題はこのときである。目的が達成されたユーザーは，このままであれば，再び ROM へと戻るか，場合によっては離脱してしまうかもしれない。いずれもこの場合には，RAM を RAM として引きとどめることができない。

しかし，同時にこの瞬間，このユーザーはより積極的な RAM へと転換する契機をもつことになる。ここで重要になるのは，「感謝」という気持ちである。感謝を感じたユーザーは，そのままでいることはできない。今度は，この感謝を自らが質問に答える立場に立つことによって，「お礼」しようとするのである。石井・厚美は，このときこそ，まさにコミュニティが誕生したときであると考えている（石井・厚美編 2002, p.82）。

感謝を受け，その感謝を返そうとする行為，これは，互酬性の論理に基づく返礼の義務を負い，返礼を行う行為として理解できる。かつて文化人類学

の研究において未開社会で発見された互酬性の論理は，贈与行為に焦点を当てていた。そして，ひとたび生じた贈与は，送り手と受け手の間に力の差を生み出すがゆえに，その力の差を解消しようとして持続的な交換の継続，すなわち交換の成立を生み出すことを明らかにしたのだった（Mauss1968）。今日においても，お中元や年賀状など，不可避に持続する贈与交換の形が残っているとされる。

### 1-2-3 ソーシャルメディアへと向かう技術変化

こうして，ひとまずRAMをRAMとして引きとどめる仕組みがコミュニティそのものの機能に備わっているとすれば，後はその具体的な洗練が必要になる。そして，ROMをRAMへと変換するための仕組みが課題ということになる。ぷれままにおいても，そうした萌芽をみてとることはできるかもしれないが，決定的に様相が変わったといえるのはブログの登場以降である。

2000年を前後して，「ブログ」なるものが流行し始める（坂下・森口2006）。ブログとは，ネットで情報を共有するシステム「ウェブ（web）」とコンピューターの通信記録「ログ（log）」を組み合わせた造語である。1999年，米国でブログを手軽に作成できる専用ソフトがネット上で無償配布され始め，ブログサイトが急速に増加する。ブログの定義は厳密に決められているわけではないが，一般的には，ブラウザ上の入力フォームを使って，手軽にページを更新できる技術やサービスの総称のことをさす。

日本では，本格的にブログ作成サービスが提供され始めたのは2003年ごろであるとされるが，その後急速にユーザー数が増えていく。国内外でブログの開設者が増加した理由には，誰でも簡単にホームページが作成できるというブログそのものの特徴がある。これまで自身でホームページを開設するためには，コンピューター言語やネットワークに関する知識などが少なからず必要であった。これに対しブログは，簡単な文章さえ作成できるのであれば，誰でも簡単にホームページを作成，更新することができる。

ROMからRAMへということを考えた場合，ブログにおいては，ユー

ザーは最初にRAMとしての立場を選択してしまっていることになる。ブログは，個人のために用意されたホームページであるが，同時に，外部に向かって開かれている。自身の興味で何かを簡単に書き込めるということ自体が，すでに，自らをRAMとして訓練し，外部とのコミュニケーションを促進させていくトリガーになっているのである。

しかし，ブログが優れている点はそれだけではない。ブログには，ROMをRAMへと変換し，さらにはRAMをRAMとして引きとどめ，双方向コミュニケーションを積極的に誘発させる仕組みが備わっている。当時注目されていたのは，これまで目に見えなかったコミュニケーションを可視化していく具体的な技術としてのトラックバックやRSSであった。

トラックバックとは，自動的に生成されるリンクのことである。具体的には，自分が他人のブログを参照して記事を書いた場合，自動的に，参照先のブログに自分の記事の要約へのリンクがはられ，自分のブログにリンクをはったことが相手に通知される。

それまでのホームページでは，自分のホームページにリンクを作ることができても，他人のホームページにリンクをはってもらうには，承諾を得た上で相手に作業をしてもらう必要があった。また，誰が自分のサイトにリンクをはってくれているのか把握したい場合には，複雑なログ解析を行わなくてはならなかった。トラックバックは，こうした作業を自動化する。

この機能は，ふたつの効果をもっている。第1に，リンクをたどって相手が自分のブログを訪れる，さらに，トラックバック先のブログを訪れた第三者も自分のブログにやってくるといったように，共通の話題や関心をもった人たちをつないでいく効果がある。第2に，トラックバックがされることで，ソースの明示化がなされるという効果がある。また，これにより，関連性の高い情報がリンクを通して集塊化されることになる。このふたつの機能が同時に作用することで，ユーザー同士に双方向のつながりができる。

それから，トラックバックに近い機能として，コメント機能もある。通常，ブログの記事の下には，まずはトラックバックが並び，その下にさらにコメ

ント欄が用意されているコメント機能自体は古くから存在しているが，コメントを書いたブログには自分のブログに自動的にリンクがはられる。このことにより，トラックバックと同様に，コメントした相手や相手のブログを訪れた人が自分のブログを読んでくれる可能性がでてくる。

　たくさんのブログを効率よくチェックしたいときに便利なのがRSS（Rich Site Summary）リーダーといわれる仕組みである。これは，各サイトのタイトルや見出しをまとめたデータのことで，RSSに対応しているブログからデータを一定時間ごとに自動的に取り込み，最新記事の一部を表示してくれる。よく読むブログを登録しておけば，わざわざ巡回する手間が省け，最新の記事が一気にチェックできる。

　それまでホームページは，その多くが表示スタイルとしてはHTMLという共通の文法を採用していたのだが，情報という単位でみると種々雑多な形で提供されており，データベース化が困難であった。これに対し，RSSに対応する共通の書式で作成されているということは，数多くの情報群を単一の基準に従って整理できるということを意味する。RSSは，情報の受け手はもちろんのこと，送り手側にとっても価値がある。タイムリーな情報発信を，即座に受け手に伝えることが可能になるからである。しかもRSSの更新作業はブログツールがすべて行うのであるから，発信側はコンテンツを更新する以外に何も特別な作業をする必要はない。こうして，情報の発信と受信がシームレスに行われるようになれば，コミュニケーションがますます連接されやすくなっていくと考えられた。

**1-2-4　ソーシャル・ネットワーキング・サービスの登場**

　トラックバックやRSSに代表される技術は，確かにコミュニケーションの可視化を促進させ，ユーザーのネット上での活動を支援した。だが，今日においても，ブログの利用は一部のユーザーに限られているようにみえる。むしろ，より一般的な形で普及していくことになったのは，ブログをさらに洗練させた形といえるソーシャル・ネットワーキング・サービス（SNS）であ

る（根来編 2006）。これこそ，今日ソーシャルメディアと呼ばれるようになったサービスの典型的な形だろう。日本でも，2010 年には，mixi がすでに 2000 万人を超えるユーザーを獲得して成長を続け[9]，同時期に，海外では，例えば facebook は 5 億人を超えるユーザーを集めていたとされる。

　ソーシャルメディアのサービスを特徴づける原則は，当初は，①招待制と，②プロフィールの公開であった（水越・前中 2006）。それ以前のほとんどのネット・コミュニティでは，原則として誰でも参加することができた。それは，ブログでも同様であったといえる。それに対しソーシャルメディアでは，すでに登録している友人からの招待メールがないと参加できない仕様になっていた。それゆえ，ソーシャルメディアの場合，参加した時点ですでに，一人の現実的な知り合いが存在しているということになった。ただし，ユーザー規模が大きくなるにつれてこの傾向は薄れていき，Myspace や facebook は早々にオープンな形をとるようになり，日本でも，2010 年には mixi が招待制を廃止した。

　これに付随して，もうひとつの原則となるのが実名などのプロフィールの公開である。ソーシャルメディアでは，利用に際して，自分の本名や性別，出身地，職業，趣味，写真など，サイトによって項目や公開の程度の差はあるものの，利用者のプロフィールがオープンになっていることが多い。これは，先の招待制によって，すでに自身が誰であるのかについて，知っている人間が存在しているからである。結果，もちろん程度の差はあるものの，匿名性よりも実名性（顕名性）が表れる傾向がある。こうして，ソーシャルメディアでは，参加者は，自分が誰で，相手は誰なのかということについて，比較的オープンな知識をもった上で交流していくことになる。ただし，日本では，依然として匿名性を確保しているユーザーが多いとされる。

　多くのソーシャルメディアでは，まずもってユーザー全員が日記を書く機能を有している。これは，先にみたブログと類似した仕組みをもち，トラックバックやコメントを書き残すことでコミュニケーションが誘発されるよう

---

9　なお，mixi の詳細については，第 7 章の mixi の歴史的調査を参照のこと。

になっている。また，例えば mixi の場合，mixi 以外の個人ホームページやブログといった他の日記ツールを利用している場合にも，内部からのリンクを張ることができるようになっている。

　こうした日記機能がブログと少し異なるのは，その公開範囲の限定である。通常のホームページはもとより，ブログにおいても，そこで書かれた日記は基本的に誰でもみることができる。これに対して，ソーシャルメディアでは，そのサイト内の登録者しか閲覧することはできず，さらにサイト内の登録者についても，全体に公開するのか，それとも友人や友人の友人にまでしか公開しないのかについて選択することができる。その結果，ブログに比べると，おそらくソーシャルメディアはクリーンや安全といったイメージが強くなるだろう。

　また，先のトラックバックや RSS とは別に，もうひとつソーシャルメディアでは重要な機能が追加されている。それが，「足あと」機能である。この機能は，誰が自分の日記を閲覧してくれたのかを記録する機能であり，もちろんこの機能を有したブログも存在しているし，それ以前においても，ホームページ閲覧者を捕捉する方法は多数存在していた。ただ，ソーシャルメディアにおける足あと機能が優れているのは，そうした捕捉が自動で行われるということと，招待制など他のソーシャルメディアの特徴と関連して，相手の特定がより可能になっているという点にある。ここに，かつては困難だった ROM を取り込み，つまり，見ているだけであったはずの視線を可視化し，コミュニケーションの俎上に載せることが可能になっていると考えることができる。

　そのほか，中心となる日記機能や，コミュニケーションの接続を促進させる足あと機能以外にも，ソーシャルメディアでは，細かいところで友人あるいは他のユーザーとのつながりを感じさせる工夫がなされている。例えば，mixi の足あと機能などに用意されている相手の訪問時刻では，相手の動きを感じることができる。相手が，まさに今このサイトを訪れてくれたのだとするのならば，相手はまだこのサイトを見ている可能性が高いといえるし，

少なくとも mixi 上のどこかにいる可能性が高いというわけである。

このように，mixi では，日記やコメント，プロフィールページなど，あらゆるところで書き込み時間や訪問時間，またログイン状況（「最終ログイン時間」）が表示され，他のユーザーの存在が非常に近く感じられる。それは，より同じ場所に集まっている感じをもってもらうために，単に空間的な関係を可視化するのみならず，時間的な流れまでも可視化しようとしているのだと考えることもできる。

### 1-2-5　ソーシャルメディアの現在形

以上の展開から，ネット上のコミュニティサイトの急激な発展を見てとれるだろう。われわれの見る限り，インターネット成立前後のコミュニティサイトは，総じて特定のユーザーにしかアプローチすることのできない限定的なものであった。だが，インターネットの普及とも相まって，コミュニティサイトは誰にでもアクセスできるサイトとしての体裁を整えていく。コミュニケーションの可視化技術が最も基本的となりそうであるが，顧客に適応するプロセスを見ることができる。ただし，技術の発展によって，単純にコミュニティサイトが利用可能になったというわけではない。開放されたサイトともいえるブログに比べれば，ソーシャルメディアはクローズドな性格を有している。特定の技術がユーザーのサイト利用を規制し，また，促進してきたといえるだろう。

ここでわれわれが注目するのは，インターネットやコミュニティサイトに接したユーザーたちもまた，時間の中で変化してきたのではないだろうかという点にある。例えば，mixi の足あと機能にしても，やがてすべてのコミュニケーションが可視化されることに危惧を覚えるユーザーを顕在化させることになった。ようするに，ユーザーが必要とするものは，そのユーザーの期待に応えようとしたコミュニティの技術によって，さらに変化していくのである。

## 1-3　理論的課題

### 1-3-1　口コミ研究

　実際のソーシャルメディアの変遷に対して，マーケティングに関わる理論はどのように考察を進めてきたのだろうか。近年のソーシャルメディアについては，ひとつの方向性としては口コミ研究を中心に考えることができる[10]。Kozinets et al.（2010）が指摘するように，口コミを利用したマーケティング自体は，1940年代から議論が進められてきた。インターネットの登場は，口コミの利用可能性を爆発的に大きくさせたかもしれないが，これまではあくまで量の拡大に過ぎないものであった。

　彼らは，特に3つの段階を想定している。まず初期の段階では，マーケティング上のコミュニケーション活動において，消費者間のコミュニケーションの影響力が強いことが見出された。ここでは，マーケティング活動は，彼らの活動の外部にあって，口コミに直接的には力を及ぼしていない。次の第2段階では，こうした消費者間のコミュニケーションにマーケティング活動が入り込み，リニアな関係ながら口コミへの影響を強めはじめる。具体的にいえば，それはオピニオンリーダーを発見して彼らにアプローチし，彼らを通じて広範な消費者に情報を伝達しようとする。これはすなわち，情報の2段階流れ仮説的発想のもとにある。

　インターネットが発展しても，当初は情報の2段階流れ仮説という前提は変わらない。第3段階では，インターネット空間に存在するであろうオピニオンリーダーを特定することが求められ，彼らへのアクセスを通じて，効率

---

10　口コミを中心とした消費者間インタラクションは，ソーシャルメディアに関わる研究の大きな柱である。例えば，企業ウェブサイトと消費者主導のコミュニティ・サイトの影響力の違いについての分析や（Bicart and Schindler2001），コミュニティを通じた購買後の不平不満に関する分析（Cho et al. 2002），さらにはコミュニティ・ユーザーの特性の分析（Mathwick2002）などが展開されてきた（澁谷2004，山本2006）。近年では，ユーザー参加によるイノベーション・コミュニティの市場効果に関する分析（Nishikawa et al. 2012）をみることができる。さらにはこれらを包括的に歴史的発展として捉える議論（根来2007）も興味深い。

的に情報は伝播していくものと想定される。その意味では，現状の第3のモデルは，第2のモデルと基本的には変わらないが，ふたつの点で新たな変化がみられる。第1に，より精緻に，直接的に顧客やオピニオンリーダーを捉えようとするマーケティング上の新しい戦術と方法の確立である。インターネットを通じた活動は効果測定にも優れており，例えばクリックや閲覧時間といった行動データが集められ，また分析されることで，一層マーケティングの精度が高まると期待される。そしてもうひとつは，そうした活動において，メッセージや意味が一方向に流れるわけではなく，ネットワークにおいて相互に交換されるという点についての再認識である。このことは，これまでの情報の2段階流れ仮説に代わる新たなコミュニケーションモデルが模索されねばならないということを含意している。もっと端的に言えば，企業は，より顧客の行動を知ることができるようになった一方で，彼らのコミュニケーションはコントロールできないことが改めて強調される。

　Kozinetsたちは，携帯電話の販促キャンペーンを考察しながら，ソーシャルメディアのマーケティングとして，大きく4つの点を指摘している。評価（evaluation），強化（embracing），推薦（endorsement），説明（explanation）である。これらは，商業ベースの語りと個人的な語りに区分されるとともに，明示的な語りか暗示的な語りかの2軸の組み合わせによって提示されるという。

　結果，いかに個別の記事としては個人のライフログにすぎなくとも，コミュニティメンバーによって商業ベースに捉えなおされ，また広がっていく可能性が常にあることになる。コミュニケーションの展開は，ユーザーのコミュニケーション能力や情報を読み込み理解する力に依存するというわけである。それゆえに，口コミは，マーケティング上のメッセージを単純に増やしたり増幅していくというわけではない。むしろ，マーケティング上のメッセージや意味は，それが埋め込まれているネットワークにおいて変更される。

## 1-3-2 ブランド・コミュニティ研究

　インターネット上のコミュニケーションの在り方という意味では，特にマーケティングの観点からいえば，ブランド・コミュニティ研究が参考になる[11]。もともとネットにかかわらずリアルのブランド・コミュニティを考察してきたこれらの研究では，さまざまコミュニティがブランドの意味形成に関わっていることが示される。彼らの議論は，端的に「コミュニティ」概念を重視するという点で興味深い。なぜならば，今日的な資本主義社会においては，コミュニティとは衰退し遠からず滅びる存在であると認識されてきたからである。それにもかかわらず，コミュニティはインターネット上にまで進展している。このことは，今日的コミュニティとしてソーシャルメディアを考察する意義を積極的に与える[12]。

　彼らの研究では，アップルやハーレー・ダヴィッドソンなど特徴的なブランド・コミュニティが分析され，コミュニティを支配する原始的ともいえる論理が明らかにされる。同類意識，伝統，道徳的規範といったさまざまな言説が，コミュニティに流布し，コミュニティをコミュニティたらしめるという[13]。Muniz and Schau（2005）は，こうした論理を神と信者といった関係や神話に類似した仕組みであると捉えている。

　さらに，こうした研究をメタ分析的に捉えなおしたSchau et al.（2009）は，ブランド・コミュニティにはより多様で重層的な主体が参加しており，彼らの参加を通じてコミュニティが維持形成されているとする。そして，同類意識にせよ道徳にせよ，これは一枚岩としてあるわけではなく，Kozinetsたちと同様に，実際のユーザーの理解や行動によって具体的な意味が示され

---

11　Muniz and O'Guinn（2001）。さらにいえば，そうしたコミュニティが現代消費社会の象徴ともいえる「ブランド」と結びついているという点に，彼らのもうひとつの独創性がある。ブランド・コミュニティ研究については宮澤（2007）を参照のこと。

12　それゆえ，彼らの研究範囲は，現実のコミュニティを対象にしても進められる。例えばMcAlexander et al.（2002）では，ハーレーダヴィッドソンやジープのリアル・コミュニティを分析し，コミュニティにおいて共有される意味や価値観を明らかにしている。

13　ただし，リアル・コミュニティでは，この他に儀礼的側面も強く現れる（Muniz and O'Guinn2001）。

ると考える。

　このように，ブランド・コミュニティ研究においては，ブランドがネットを含むコミュニティをどのように形成し，どのように維持・発展させるのかについて考察を進めてきた。ブランドには，いずれにせよコミュニティを作り上げる力があるというわけである。とはいえ一方で，作り上げられるコミュニティはブランドを単純に肯定するわけではない。ブランド・コミュニティ研究は，基本的には，ブランドに対して好意的，あるいは熱狂的な人々を研究の対象としてきたが，例えばShauたちが捉えなおしを進めたように，実際のコミュニティにあっては，利害の対立や調整が生じることが通常であるともいえる。

　形成されるコミュニティには，肯定のみならず否定という側面も常に生じているということになる。これらの傾向の強さによって，ブランドに対して強いロイヤルティを有する人々によって形成されるコミュニティと，逆に，そのブランドを強く嫌悪する人々によってもコミュニティが形成されるともいえるだろう。ブランドは，ただコミュニティ形成を促すのみならず，両極端のコミュニティ形成を促進させる。いわゆるファンサイトとアンチサイトを作り出すというわけである。われわれにとって興味深いのは，むしろこちらかもしれない。アンチサイト研究では，記述が蓄積されるネット・コミュニティの特性を利用しながら，ユーザーたちが自身の発言を練り直していくプロセスが捉えられているからである。その中からは，ユーザーたちがネット上のコメントをそのまま受け取るのではなく，自ら批判的に解釈していく能力の存在を見てとることができる。

### 1-3-3　アンチ・ブランド・コミュニティ研究

　Hollenbeck and Zinkhan（2006）では，アンチ・ブランド・コミュニティの考察を通じて，ネット上での社会運動が分析されている。彼らによれば，ネット上で形成されるアンチ・ブランド・コミュニティは，例えば，ラフル・ネーダーに代表される1970年代のアメリカのコンシューマリズムに通

ずるものである。ただし、今日では大きくふたつの点で、より規模が大きくなっている。第1に、アンチ・ブランド・コミュニティはさまざまな問題の集合であり、労働環境の平等性から企業による環境支配、さらにはプロパガンダ的なマーケティングまで多くの問題が取り扱われるようになっている。第2に、アンチ・ブランド・コミュニティはネット上に形成されることによって、時間や空間に制約されないため、これまでにない規模の活動が可能になっている。

　彼らは、ウォルマート、マクドナルド、スターバックスについてのアンチ・ブランド・コミュニティを探索し、2年にわたる調査や36のデプスインタビューをもとに、その意味を考察する。そして、大きく4つの点について、アンチ・ブランド・コミュニティが形成されるメカニズムを明らかにしている。第1に、こうしたコミュニティは、道徳上の義務を備えたメンバーによって構成されていること、第2に、共通の目的を達成するためのネットワーク的な支援体制を提供していること、第3に、作業の難局に対処する方法を提供していること、そして第4に、その対処のために資源のハブを提供しているということである。そして、行動原理としては大きく3つの点を指摘する。第1に、市場における不平等性を公表するということ、第2に、制約的なライフスタイルの提案をメンバーに行っていくということ、最後に第3に、新しい集合的なアイデンティティを構築しようとするということである。

　彼らの研究は、総じて旧来的な社会運動をネット上に移行させたものであるように思われる。もちろん、彼らが言うように規模が大きくなったには違いないが、だからと言って本質的な変化はみられない。目的に関しても、行動原理に関しても、それほど新しい議論があるようには見えない。この点は、先の口コミ研究と変わらない。

　こうした課題を受けてであろう、続くHollenbeck and Zinkhan（2010）では、ネット上でのコミュニケーションに焦点を当てる意義がより重視されている。Hollenbeck and Zinkhan（2010）では、特にウォルマートに対するア

ンチ・ブランド・コミュニティが取り上げられ、そこでの意味の生成や学習のプロセスが考察される[14]。いうまでもなく、消費者は、マーケターによって形成されるブランドの意味とは別に、彼ら自身のブランドの意味を探求し、活性化させる。コミュニティ自体は、インターネット上はもちろん、地域においても複数形成されているが、特にネット上を通じて複数のコミュニティが相互に連結しているという。そこで、彼らは前回に引き続きコミュニティに参加し、観察し、ウェブサイトの調査を行い、デプスインタビューを行っている。

彼らは、改めてアンチ・ブランド・コミュニティをひとつの社会運動として捉え、資本主義やグローバル化、マーケティングやブランディングに対抗する論理を含むとする。ただし、かつての社会運動は、どちらかというと明確な対象や目的をもち、正義や平等、自由、あるいは労働の権利獲得を目指してきた。これに対して、今日の社会運動は、市場の変革や、既存の消費パターンに対抗しようとする動きをみてとることができ、より個別的で、グリーン活動や新しい平和活動が目的とされるようになっているという[15]。

こういった傾向は、リアルのアンチ・ブランド・コミュニティにも見出すことができるが、ネットではさらに独自性もみられる。彼らが特に注目するのは、事実に対抗しようとする思考の形成、推論的な物語の形成、そして、自発的な観察（ROM）の生成である。

事実に対抗しようとする思考の形成では、かつての社会運動が目指していたような絶対的な善や悪を問題にするのではなく、現状の問題を相対的にどう捉えればよいのかという視点からコミュニケーションが展開される。例え

---

14 彼らによれば、ウォルマートは、アメリカでは好かれているか嫌われているかはっきりしたブランドである。
15 Hollenbeck and Zinkhan (2010), pp.327-328, p.330。一方で、社会運動理論をどのように捉えるのかについては、もう少し精緻化の余地があるかもしれない。例えば、類似した問題意識からオンラインを含むコミュニティを捉えてきた Kozinets and Handelman (2004) では、旧来的な社会運動理論をマルクスによる階級闘争として捉え、新しい社会運動理論（new social movement）は、ハーバーマスなどに代表され、エスニシティやジェンダーを含む広範な問題を取り扱うとしている (p.692)。

ば，ウォルマートの保険制度の善し悪しに関する書き込みでは，一方では肯定的な書き込みがあり，一方では否定的な書き込みが行われる。これらは，何を基準にして対象を捉えるのかによって評価が異なっており，コミュニティの参加者は，保存される書き込みを通じて，そうした基準の手がかりをつかもうとしているという。そのため，コミュニティでは，単にアンチ・ウォルマートの書き込みが行われているわけではなく，逆に，ウォルマート支持の書き込みも行われる。相互にも乗り入れがあるというわけである。

　物語の形成にあたっても，ただ一方的に否定がなされるというわけではない。やはりスレッドとして保存される書き込みを比較前提としながら，さらに，一般的に流布する言説に別の意味解釈を与えるような形で物語が形成される。例えば，ウォルマートの特徴であるEDLPに代表される低価格について，一般的には高度なビジネスモデルによって成立していると考えられているのに対して，賃金の低さや，あるいは郊外の土地規制の問題を接続させることによって評価が逆転させられる。そして，ウォルマートが利益志向の企業であり，長期的な地域の安定性や発展に寄与していないと主張するわけである。

　こういった書き込みは，最終的にネットらしくROMに影響を与えることになる。聴衆は書き込みを見て考え方を新たにし，比較的直接的に，アンチ・ウォルマートの側面を有していくことになる。彼らの存在は，アンチ・ブランド・コミュニティでのコミュニケーションが外部へと広がっていく契機として重要な意味を有している。

　アンチ・ブランド・コミュニティ研究は，単にブランドに批判的なユーザー層の行動を考察しているというだけではなく，その能力に関わる変化を捉えようとしているように見える点で興味深い。商業に対してであれ，メディアに対してであれ，一定の批判的な視座を洗練させていくユーザーの姿を見て取ることができるからである。

## 1-4 まとめ

　このように，ソーシャルメディアは歴史的に発展してきたとともに，多くの研究がなされ，その特性が考察されてきた。繰り返していえば，ソーシャルメディアは技術的に発展し，ユーザーのコミュニケーションを支援する仕組みを備えるようになっている。そうした発展を前提として，理論的研究では，効果的なプロモーションツールとしての利用が期待されるとともに，コミュニティそれ自体の独自性が示されてきたわけである。さらにコミュニティに関する研究では，アンチ・ブランド・コミュニティのように，ブランドをただ評価するというだけではなく，批判的に捉えようという試みや，ネット上での行動を前提としたユーザーたちの能力に関わる変化に対する考察も行われきた。

　われわれが興味をもつのは，こうしたコミュニティに参加するユーザー自身の変化である。先に第1の研究課題として提示したように，コミュニティサイトの形がさまざまありえるということ，またその形が時間的にも変化してきたということが意味しているのは，そこに参加するユーザーもまたさまざまにありえ，また変化してきたということではないだろうか。ROMがRAMへと変化する過程では，ネットを利用する能力が変化していることはもちろん，ネット上でのコミュニケーションの仕方にも変化がみられるように見える。また，口コミやアンチ・ブランド・コミュニティでさまざまな語りが展開されるということは，単に情報が伝播されていくのではなく，むしろユーザーごとに独自に意味が解釈されるようになっている。

　ブランド・コミュニティ研究では，こうしたユーザーの能力の変化を明らかにしつつも，残念ながらユーザー側の能力を捉える具体的な概念を有していない。そのために，ユーザーの実際の行動を記述するだけにとどまっている。今こそ，ユーザー側のネットに関わる能力を捉える概念として，第2の研究課題と提示したネット・リテラシーの尺度開発が必要とされるわけである。

# 第 2 章
# ネット・リテラシーに関する先行研究

　本章では，メディア利用研究を中心に，ネット・リテラシーに関する先行研究を確認する。以下では，ネット利用の規定因の研究を概観した上，ネット・リテラシーさらにはメディア・リテラシーに関する研究の位置づけを確認する。次に，メディア・リテラシーに関する先行研究をレビューした上で，それらの概念のネット・リテラシー概念への応用を検討する。

## 2-1　メディア利用研究におけるインターネット利用の規定因

　メディア利用研究においても，インターネット利用に関して，さまざまな形で多大な研究がなされてきた。中でも，インターネット媒体は，伝統的な媒体とは違いその用途に多様性が存在する。それゆえ，インターネット利用とその用途の多様性を説明するものとして，社会心理学的な視点で理解するメディアの利用と満足という研究群が存在する。その視点では，さまざまなメディア利用に際する動機やニーズを解明することを目的として研究が行われてきた。情報を取得する情報動機，娯楽を享受する娯楽動機，さらには，気晴らし動機などさまざまな動機が明らかにされている。もちろん，これだけはない。情報動機や娯楽動機，そして気晴らし動機は，媒体接触に際する受け手の能動性を仮定していた。しかしながら，メディアに接する態度すべてが能動的なわけではない。すなわち，ある特定の目的をもつ用具的（手段的）なメディアの利用だけでなく，暇つぶしなどの習慣的な利用なども取り入れることで，より現実のメディア利用を説明することが可能となっている（Rubin2002）。

　このようにメディア利用の多様性を説明するメディアの利用と満足研究は，インターネット利用に関しても同様に，積極的に研究をすすめてきた

(Stanford and Stanford2001)。インターネット媒体は，その可能性として伝統的な媒体と違い，消費者の能動性に基づく，双方向性や同期化を可能とするメディアとして位置づけられ，その利用動機が研究されていくのである（LaRose, Mastro and Eastin2001, Ko, Cho and Roberts2005）。そこでは，従来の媒体とそれほど相違しない動機，気晴らし動機，娯楽動機や情報動機だけにかぎらず，人々の交流を求める社会的動機や，電子決済などによる経済的取引の動機などが取り入れられている（Korgaonkar and Wolin1999, Papacharissi and Rubin2000）。そうした中でも，インターネット媒体については，自己表現や社会的な交流的動機が主要な利用動機であることが明らかにされている。従来のメディアでも，社会的動機は注目されていた。テレビであれば，友人と一緒にテレビを視聴したり，テレビのコンテンツを，友人との会話のネタにしたりなど，テレビ視聴にも社会的交流の側面は存在した（Rubin and Perse1987, 岸谷・水野2008）。

　しかし，それ以上に，後に触れることになるが，人々の交流を促進するインターネット媒体は，その他多くの動機よりも，社会的交流の側面が重要視され，コミュニケーション・メディアと機能していることが示されている（Papacharissi and Rubin2000, 金2003）。しかしながら，こうした利用と動機研究のみでは不十分な点も存在する。それは，動機として利用したいと思うことと，実際にそのように利用しているかは，大きく異なるからである。対面的なコミュニケーションとは相違する独特なコミュニケーション形態，また，コミュニケーションを可能にするスキルなど，インターネットをコミュニケーション媒体として理解するには，そのメディア利用の動機だけでなく，リテラシーという視点を導入する必要があると言える。後ほど触れることになるが，日本における最大手のソーシャル・ネットワーキング・サービスであるmixiのケースから，当初は，社会的な交流を求めながらも，結局，ソーシャルメディアの利用を離脱する人々が存在することはそのことを示しているといえる。インターネット利用に関しては，単純に動機という形では表現することのできないリテラシーの側面を理解しなければならない。

このように動機だけでなく，インターネットに関するリテラシーにおいては，マーケティングの分野では数少ないながらも研究がなされている（e.g. Dinev and Hart2006）。しかしながら，リテラシーそれ自体を機器の使用に関する能力として限定的に定義されている。

メディアの生成過程に焦点を当てている歴史研究が示しているように，メディアの有り様は，技術特性のみではなく，それに関わる主体によって，重層的な過程の中で変化していく（吉見・若林・水越1992, 水越1993, 水越2007）。メディアの創生期は，多様な主体によってさまざまに模索され，その技術にはさまざまな可能性が孕んでいた。こうした考え方に従えば，まだ成熟化していないインターネット媒体の利用のあり方は，多様な可能性が存在しうることが推測できる。それゆえ，機器の操作のみにとどまらないメディアそれ自体を対象とするメディア・リテラシーを理解することで，幅広いリテラシーを考慮することにする。

## 2-2 メディア・リテラシーに関する先行研究レビュー

リテラシーとは，近年においては，文字などの読み書きをするときに必要とされる能力のことを指す（山内2003）[16]。識字率などに代表されるように，活字を読み書きするのには，それなりに知識や能力が必要となるからである。もちろん，テレビなどの電波媒体は，活字媒体以上に詳細な情報を伝達できるがゆえにリテラシーの相違はその解釈に反映されないようにみえる。しかしながら，現実的には，その解釈は多様性を極めている（Hirshman and Thompson1997）[17]。それゆえ，さまざまな媒体に接する際に，人々によってその解釈やくみ取る意味に多様性がある場合は，リテラシーはその多様性を説明する概念として捉えられている。

水越（1999）によれば，メディア・リテラシーは，人間がメディアに媒介

---

16 Ong（1982）によれば，口承文化の表現方式や思考方式を明らかにすることで，活字文化が与えた思考構造も浮き彫りにし，メディアの保つインパクトを大きさを明らかにしている。

17 受け手の能動性を示した記号論分析や多義性やその中の政治性を読み解くカルチュラルスタディーズの研究領域で多くの研究がなされている。

された情報を構成されたものとして批判的に受容し，解釈すると同時に自らの思想や意見，感じていることをメディアによって構成的に表現する複合的な能力という。具体的に複合的な能力とは，以下の3つとなる。(1) メディア使用能力，(2) 受容能力，(3) 表現能力である。これらを束ねているのがメディア・リテラシーである。

　使用能力とは，デジタル機器を操作する際に必要となる能力である。従来であれば，ビデオやテレビ，近年であれば，パソコンや携帯など技術の高さによって操作やその理解が難しいデジタル機器なども対象となる。そうした機器を理解し操作する能力といえよう。

　受容能力とは，表現されたものを批判的に解釈する能力である。例えば，英語をわからない人に英語で話しかけられてもその意図を正確に解釈することができない。一見，何気なく情報を解釈しているようで実は，それなりの能力が必要とされているのである。それだけでなく，受容能力とは，伝達されるメッセージを批判的に理解することをも含んでいる。発信された情報を，ある特定の主体が特定の文脈で発信されたと理解することで，そのまま鵜呑みにすることなく受容することが可能となる。そのことによって，メッセージの受け取り方も変わってくる。それが，批判的に解釈し受容することである。

　最後の表現能力とは，意見や情報の交換を行う能力である。上記のふたつは，どちらかと言えば，受け手として受動的に情報を受け取る姿勢や態度に関することであるが，それ以外の側面も，メディアのリテラシーには存在する。メディアを利用することで，個人で意見を発信したり，グループで情報交換をすることができる。テレビやラジオであれば，質問や投書など限られた形になるが，インターネットになれば，意見発信や情報の交換が頻繁に行い得る。その意味で言えば，メディア・リテラシーを構成する重要な能力ということができる（水越 1999）。

　このようにリテラシーを捉えた場合，われわれが考えがちな能力やスキルとは違う側面が明らかになる。それは，メディア・リテラシーそれ自体は，

能力やスキルを含みつつ，その一方で多様性や柔軟性が重視されるからである。通常，能力やスキルといった場合，啓蒙的もしくは教条的なイメージをもちやすい（山内 2003）。それは，能力やスキルは，教育によって育てることが可能だと思われているからである。例えば，学校教育などのコンピューター実習は，文書作成や表計算の学習に終始する，「正しい」一意的な利用の教育に陥りがちである（水越 1999）。その利用の多様性は無視されがちである。

　さらには情報を伝達する媒体の特性も多様性や柔軟性を阻害するように働く。活字媒体や電波媒体は，さまざまな人々に効率的に情報を伝達することを可能にする。送り手と受け手が分離されている状態をつなぐのがメディアだからである。しかし，その反面，メディアに伝達された情報内容以外の側面，送り手の情報などの文脈的側面は，捨象されやすい。その結果，送り手が発信したメッセージを疑いもなく信じてしまうことにつながる。それに対して，上記のリテラシー論では，批判的な解釈として，メディアによってもたらされた情報を，その情報源の特定の主体や文脈として再位置づけることで，解釈の多様性を可能とするようにしている。

　このようにリテラシーとは，ただ単純にスキルや能力を指すだけでなく，機器の使用やメディアを通して伝達される情報を解釈し，その解釈に多様性があることを重要視する。それによって，メディアと人，あるいは社会との双方向的な関係性を捉え直すことを主眼としている。

## 2-3　メディア・リテラシーとネット・リテラシー

　上記のように定義されたメディア・リテラシーを説明してきた。ここでは，メディア・リテラシーの概念を，ネット・リテラシーへの応用を検討する。その際に，ただ単純にメディア・リテラシーをネット・リテラシーに適用することには，留意しなければならない。それは，メディア・リテラシーが想定していたメディアは，従来の媒体を前提としているからである。インターネット媒体などを対象とするネット・リテラシーに拡張するには，今までの

メディアとインターネット媒体との相違を理解する必要がある。

インターネット媒体が既存の媒体と大きく異なる点として2点挙げることができる。第1に，地理的制約や空間的な制約を超え未知で多様な人々との遭遇を可能とするメディアであるということ，第2に，地理的な制約を超えて未知な人々と交流をできつつも，時間的な拘束もされない非同期型のメディアという特徴である。それぞれ検討することにする。

伝統的な媒体は，テレビやラジオなどの電波媒体や，新聞や雑誌などの活字媒体は，送り手と受け手が明確に分離されている（北田2002，山内2003）。送り手が伝達するメッセージを特定の媒体を通して受け手が解読するということを想定すると容易に理解できる。それに対して，インターネット媒体は，その双方向性ゆえに，受け手の能動性を発揮することができる（Hoffman and Novak1996）。いままでは情報を受け取るだけであった受け手が情報を発信することで，受け手が送り手になることが可能になる。もちろん，その送り手も受け手になることが可能であるために，送り手と受け手の明確な区分が無くなってしまう（北田2002）。

もちろん，テレビ媒体でも，テレビ番組を友人や知人と一緒に視聴したり，テレビを視聴後に，友人たちとそれについて感想を述べたりすることもあった。マスメディア研究の2段階モデルは，友人と談笑することで，メッセージが中和化されることを示している（Katz and Lazarsfeld 1955）。しかしながら，通常，個別でテレビやラジオに接する場合を想定したとき，少数の送り手が出す情報を，受け手がそのメッセージをそのまま解釈するという図式となっている。それゆえ，メディア・リテラシーの受容能力である批判的に解釈することとは，送り手が出す情報を一意的に理解するのではなく，特定の文脈に位置づけることで相対化し，その多様性を理解することを主張していた。

しかしながら，インターネット上では，伝達する人々は少数ではなく，無数の多数の人々の意見が存在する。インターネット上の巨大掲示板に限らず，ショッピングサイトのユーザーレビューでも多様性が確認できる。その反面，

その意見の多様性が意見の衝突を生み，炎上と言われる現象も頻繁に見られつつある。対面的なコミュニケーションでは決しておこらないような，表情やニュアンスなどの情報の欠落がコミュニケーション，もしくは，それが指向する人間関係の構築を難しくしている。

　第2に，インターネット上でリアルタイムに情報を共有しようとすると，地理的や空間的な制約は解消されたものの，情報を共有する時間帯は共有（同期）しなければならない（濱野2008）。例えば，セカンドライフは，リアルタイムで社会的に交流することを目的としている。これは，空間的には同期する必要はないが，時間的には同期しなければならない。

　しかしながら，インターネットサービスによっては，かならずしも同期の必要性を感じないものがある。ちょっと時間をおいて好きな時に返信したり，情報を見たりする。こうしたことは，多くのソーシャルメディアで人々が行っていることである。人と交流しながらも，自身の過ごし方もそれほど影響を被らないがゆえに負担のない交流の仕方と言うことができよう。

　その反面，そのことが，人との社会的交流を難しくもする。社会的交流の際にその場に居合わせない，同期しないことは，コミュニケーションにおいては誤解を生じさせやすくする。そのことは，結果的に社会的な関係を維持発展することを難しくしつつある。

　このように，従来のメディアと違い，個々の意見の多様性がもたらされるが，双方向性や非同期ゆえに，そこで登場する人々とのコミュニケーションを難しくしている。上記のメディア・リテラシー概念で言えば，表現能力に該当しそうだが，それ以上に，対面的なコミュニケーションとは違い非常に特殊なスキルが重要視されていることを垣間見ることができる。それゆえ，もう少し踏み込んで，対面的コミュニケーションとは異なる，インターネット上の社会的交流の特殊性を深掘りすることにする。その後，メディア・リテラシーに従って，使用能力，受容能力をインターネット媒体の文脈に適合するよう検討することにする。

## 2-4　ネット・リテラシー

### 2-4-1　ネット・コミュニケーション力

　インターネットは，新しい人々との交流を促進するものである。以下で事例として取り上げるソーシャルメディアなどに代表されるように，今まで空間的地理的に制約された人間関係の制約を乗り越えることができる。もちろん，今までのように，既知の人々との交流を強化することも可能である。宮田（2008）によれば，消費者間のネット・コミュニティ，PC メール，携帯メールなど，媒体間でも人々との交流のあり方に違いがあるという。未知な人々との交流を行う傾向にある消費者間のネット・コミュニティから，ほとんど既知の間柄の人々と交流を図る携帯メールなど，媒体ごとによってつながり方に大きな相違がある。

　しかしながら，社会的交流は，ふたつの側面があることが重要である。ひとつは，その名の通り，既知の関係だけでなく，新しい関係も含めて社会的な交流を求めることを主とするものである。社会的交流が目的であり，それ以外の効果や機能は，派生的なものにすぎない。

　もうひとつの側面として，人々との交流によって得られる情報取得を主たる目的とすることである。従来の媒体であれば，個々の意見を聞くことはできず，限られた親族，友人関係に限定されていた。しかしながら，インターネットの登場によって，人々の情報を取得することが容易になった。例えば，宮田（2008）によれば，パソコンなどの専門性の高い商品は，ネット・コミュニティで情報を集めているという。いわば，社会集団で言えば，仲間集団以外から，その集団に情報をもたらす弱連結のように機能しているのである。言い換えると，自分の周囲に専門的な情報を持ち合わせる人々がいない場合は，ネット・コミュニティから情報を取得する傾向になる。それは，友人や知人のように普段の交流を起点にして情報が共有されるのではなく，周囲には存在しない情報を得るために社会的交流を行っていると言えよう。

　こうした社会的交流のふたつのパターンの中で，インターネット上で社会

的交流の独自性は，前者の新しい関係を構築することであるといえる。それは，「つながりの社会性」と呼ばれている。北田（2002）によれば，インターネット上でのコミュニケーションの特徴としてつながることそれ自体が重要視されるという。そこでは，意味内容をもったメッセージが交換されるわけではなく，人々に接続されること，すなわちつながることを優先する。mixi を例にとると，mixi の足あと機能が挙げられる。すでに見たように足あと機能とは，誰かが日記を見たことを伝える機能である。そこでは，何かメッセージを伝達するわけではなく，見たという事実，つながったことを事実として伝えるだけでありそれ以上の意味は存在しない。また，メールの返信をとっても，返信したという事実が重要でありそこで交わされる内容は他愛もないものが多い。濱野（2008）によれば，mixi に登録した友人のレスポンスを頻繁にチェックしたりや，メールの返信の速さで，人間関係の距離感を測定したりなど，人間関係の距離をレスポンスという事実で測定している。このように，インターネット上の社会的交流は，情報の交換よりも人々とつながることが重要視されているのである。

　しかし，その反面，過剰なまでの人々とのつながりは，人間関係における疲労やストレスを発生させる。mixi それ自体は，人々に招待されない限り閲覧できないという閉鎖的な空間にすることで社会的な交流を制限してきた。しかし，制限することでコントロールしたにもかかわらず，「mixi 疲れ」という言葉も生まれたぐらい，人間関係に疲弊し mixi を離脱したり，その利用を停滞させる人が多いのも事実である。それは，よく知り合っていたはずの既知の友人関係でもそうした事態がおこっている。ましてや，知人や友人ではなく，ほとんどその背景を共有しない人と，コミュニケーションを行い，その関係を継続することが非常に困難であることを想像することは難しくない。その意味で言えば，新しい人間関係を構築する上で，独自のコミュニケーションスキルが存在するといえよう。

### 2-4-2 ネット操作力

　ネット・リテラシーの使用能力としてはネット操作力が挙げられる。それは，地理的な制約や空間的な制約を超えるには，複雑化した機器を必要とするからである。もちろん，ラジオの生成時期のように受信する端末が普及する過程の中で，受け手に特化した端末，すなわち，操作が簡便化していくメディアも存在する（水越 1993）。しかしながら，情報を受け取るだけでなく，情報を発信するためには，複雑化した機器を利用しなければならない。ブロードバンドの普及とともに，送受信できる容量も飛躍的に向上することで，同時に，それを送受信する機器も複雑化することになる。

　しかしながら，機器の複雑化は，同時に消費者の能力が向上することを意味しない。消費者の能力によっては，アクセスできる情報に大きな相違をもたらすことになるのである（Hoffman and Novak 1996）。インターネットの利用に関しては，従来の媒体と違い，操作能力によって得られる情報量に大きな違いが生まれることになる。ただ単に必要な情報を取得するだけにスキルが必要なわけではない。例えば，対面的なコミュニケーションと違い文脈的な情報が欠落しているために，情報量それ自体の感じ方や感情のあり方にも大きな影響を与える。例えば，Zhou and Bao（2002）は，インターネット広告から読み解く情報量に関してインターネットスキルが大きな影響を与えていることを示している。もちろん，情報取得やなにかしらの認識だけでなく，情報を共有するような知識などの情報移転に関しても，インターネットスキルが必要となるのである（Gruen, Osmonbekov and Czaplewski 2006）。情報取得やノウハウ移転だけに限らない。Hoffman and Novak（1996）あるいは Novak, Hoffman and Yung（2000）によれば，インターネット利用において，楽しみを享受するフローな体験にはインターネットスキルが必要なことが示されている。

　このようにネット操作力は，単純に機器操作だけでなく，それから得られる情報や娯楽の内容それ自体に大きな影響を与えると言えよう。ネット操作力として，インターネットスキルは欠かすことができない。

### 2-4-3　ネット懐疑志向

　メディア・リテラシー論では，受容能力として，一方的に与えられる情報を解釈するだけでなく，それに対して批判的に解釈する能力が備わっている必要を論じてきた。上記で触れたように，そこで想定されているメディアは，送り手と受け手が分断されたマスメディアを対象としている。それゆえ，その情報を一方的に受容するだけでなく，それに対して鵜呑みにするのではなく，距離を置くことの重要性が示されている。送り手と受け手の知識格差を埋めること，もしくは，送り手の文脈を理解することで，受け手の解釈に幅ができ，多様性や柔軟性が生まれるのである。

　しかしながら，インターネットの世界では，双方向性が可能となるために多様性が存在する。今までは，マスメディアに発信された情報に対する受け手の多様な意見も表明する場がなく潜在化することによって，均一的な解釈が存在するように感じてきた（正村 2001）。しかし，インターネット上では，マスメディアの情報に対して多種多様な意見が生み出されている（岸谷 2006）。しかしながら，そのように生み出された情報は，真偽のほどを確認することができない。それは，コミュニケーションの文脈を伝達することが難しいために，文脈に応じた情報を伝達することができないだけでなく（Brown, Broderick and Lee 2007），匿名の程度が高いために，情報を解釈する手がかりが少ない（Kozinet1999, Henning-Thurau et al. 2004, Sicilia, Ruiz and Johar 2008）。とりわけ日本のネット・コミュニティに関しては匿名の程度が高いゆえに，その匿名性を利用し，意図的に間違った情報を流すことも可能となる。その意味で言えば，マスメディアから提示される情報を批判的に検討するという以前に，情報それ自体を疑ってみる必要があると言える。情報に接する段階で懐疑的な態度を保持することが重要といえる。

　懐疑自体は，メディアではなく，広告に対して応用されてきた概念である。広告は，販売促進として位置づけられる以上，製品の性能を過剰に訴えたりすることがあるからである。これに対して消費者が懐疑的な見方をいただく傾向にある（Oblermiller and Spangenberg 1988）。広告の意図を批判的に評

価するためにひとつの能力と見られている（Mangleburg and Bristol 1998)[18]。それゆえ，その他のメディアに比べれば，広告とコンテンツの境界が融合しつつあることで不確実性が増大しているインターネットの情報に対しても応用することが可能といえよう。

## 2-5　まとめ

　このように，ネット・リテラシーを検討するために，メディア・リテラシーを手がかりとしながら援用可能性を模索してきた。インターネットの利用にあたっては，特異なコミュニケーションゆえに，ネット・コミュニケーション力が重要とされることと，そしてインターネットでは複雑な使用能力を必要とするゆえに，ネット操作力が重要とされること，さらに，メディア・リテラシーでは，その多様性が重要視されるのに対して，インターネット上では，多様性を鑑みるのではなく，匿名性や情報の欠如の中で生じる多様性を疑う必要があるゆえに，ネット懐疑志向が重要であることを示してきた。それゆえ，ネット・コミュニケーション力，ネット操作力，そしてネット懐疑志向の３つが，ネット利用にあたってのネット・リテラシーとして必要な能力と言うことができる。

　こうしたネット・リテラシー概念の整理は，第２の研究課題である尺度開発と，第４の課題であるネット・リテラシー概念とサイト利用頻度との関係を理解するための前段階として位置づけられる。

---

18　詳細は岸谷（2011）参照のこと。

# 第Ⅱ部

# 国内調査

# 第3章
# 予備調査：サイト利用状況調査

## 3-1 調査概要

　平成22年度吉田秀雄記念事業財団研究助成によるオムニバス調査をもとに，現状のサイト利用状況の確認を行う。本調査は，首都30キロ圏の満15歳から65歳までの一般男女個人を対象として行われた調査である。抽出方法はランダムロケーション，人口動態に基づいたクォータサンプリングであり，調査員の訪問による質問紙の留め置き・回収調査で実施された。調査期間は2010年6月11日から6月24日までであり，754サンプルが分析対象として用いられている。サンプルの基本構成は以下のとおりである（図表3-1）。

　本調査では，ブログ，モバゲータウン，Twitter，YouTube，mixiの5つのサイトについて，その利用動向と利用期間を確認した。併せて，彼らの属性やメディア利用動向も同時に調査されているため，これらを組み合わせることを通じて，サイト利用とネット・リテラシーの相互的な関係を探索的に

図表3-1　オムニバス調査のサンプル特性

|  | 男性 | 女性 | 計 |
| --- | --- | --- | --- |
| 15〜19歳 | 21 | 22 | 43 |
| 20歳代 | 80 | 72 | 152 |
| 30歳代 | 95 | 98 | 193 |
| 40歳代 | 75 | 67 | 142 |
| 50歳代 | 75 | 70 | 145 |
| 60〜65歳 | 40 | 39 | 79 |
| 計 | 386 | 368 | 754 |

（出所：著者作成）

## 3-2 ソーシャルメディアの利用動向

まず，各サイトの利用動向について，利用頻度の自己評価を得た（図表3-2参照）。最も利用されているように見えるのはYouTubeである。いうまでもなく，YouTubeはソーシャルメディアというよりは動画閲覧サイトであり，多くのユーザーが動画閲覧を行っているものと推察される。逆に，本調査時点では，Twitterの利用頻度は極めて限られているように見える。まだTwitterが，一般に広く普及したという段階ではなかったということであろう。

ソーシャルメディアとして興味深いのは，やはりmixiである。mixiの場合，利用したことがあるユーザーは，754人中181人であり，全体の約24％がmixiを利用したことがあるということになる。この値は，2010年4月にユーザー数が2000万人を超えたとされる報告とおおよそ整合的だといえる。

利用者を対象にした利用期間は次の図表3-3のとおりである。やはりTwitterの利用期間が短いことがよくわかるとともに，YouTubeやブログは比較的長い期間利用されてきた傾向がみえる。mixiについても，最近始めたユーザーよりも，1,2年以上前からのユーザーが半数以上を占めているようである。一定の利用期間を経ることでユーザーのネット・リテラシーが

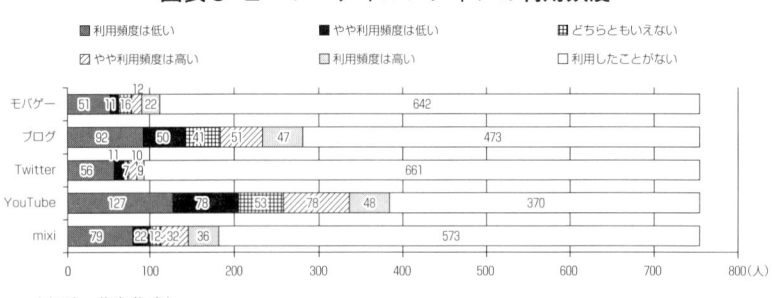

**図表3-2　ソーシャルメディアの利用頻度**

（出所：著者作成）

### 図表3-3 ソーシャルメディアの利用期間

■1〜2ヶ月前から　□2〜3ヶ月前から　▥3ヶ月から半年前から　□半年から1年前から
□1〜2年前から　▨2〜3年前から　□3年以上前から　■不明

| | |
|---|---|
| モバゲー | 9\|3\|12\|7\|30\|23\|14\|14 |
| ブログ | 9\|5\|5\|42\|61\|70\|84 |
| Twitter | 12\|15\|22\|7\|29\|7\|10 |
| YouTube | 11\|9\|10\|10\|50\|113\|86\|91 |
| mixi | 6\|7\|13\|3-5\|36\|44\|66 |

（出所：著者作成）

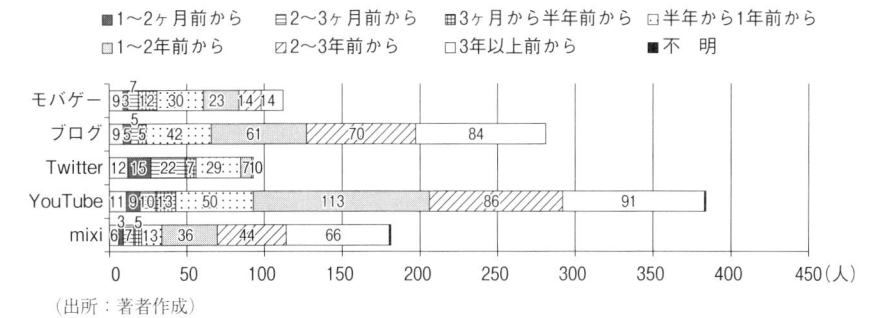

### 図表3-4　mixi利用頻度についての男女差

| | あなたのmixiの利用頻度についてお知らせください。 | | | | | | |
|---|---|---|---|---|---|---|---|
| | 低い | やや低い | どちらでもない | やや高い | 高い | 利用しない | 計 |
| 男性 | 50 | 12 | 4 | 17 | 16 | 287 | 386 |
| 女性 | 29 | 10 | 8 | 15 | 20 | 286 | 368 |
| 計 | 79 | 22 | 12 | 32 | 36 | 573 | 754 |

（出所：著者作成）

### 図表3-5　mixi利用開始時期についての男女差

| | あなたのmixiのおおよその利用開始時期についてお知らせください。 | | | | | | | | |
|---|---|---|---|---|---|---|---|---|---|
| | 1か月前 | 1-2か月前 | 2-3か月前 | 3-6か月前 | 0.5-1年前 | 1-2年前 | 2-3年前 | 3年以上前 | 不明 | 計 |
| 男性 | 3 | 3 | 4 | 3 | 3 | 22 | 24 | 37 | 0 | 99 |
| 女性 | 3 | 0 | 3 | 2 | 10 | 14 | 20 | 29 | 1 | 82 |
| 計 | 6 | 3 | 7 | 5 | 13 | 36 | 44 | 66 | 1 | 181 |

（出所：著者作成）

変化するであろうことを想定すると，本研究ではmixiユーザーを対象に考察を進めることが有用そうである。

mixiユーザーについてもう少し詳細を確認しておこう。第1に，男女差

**図表3-6　mixi 利用頻度についての年齢差**

| | あなたの mixi の利用頻度についてお知らせください。 | | | | | | 合計 |
|---|---|---|---|---|---|---|---|
| | 低い | やや低い | どちらでもない | やや高い | 高い | 利用しない | |
| 15～19歳 | 3 | 2 | 1 | 5 | 5 | 27 | 43 |
| 20～29歳 | 32 | 9 | 7 | 18 | 19 | 67 | 152 |
| 30～39歳 | 27 | 7 | 2 | 7 | 10 | 140 | 193 |
| 40～49歳 | 10 | 4 | 2 | 1 | 1 | 124 | 142 |
| 50～59歳 | 5 | 0 | 0 | 1 | 1 | 138 | 145 |
| 60～65歳 | 2 | 0 | 0 | 0 | 0 | 77 | 79 |
| 計 | 79 | 22 | 12 | 32 | 36 | 573 | 754 |

（出所：著者作成）

**図表3-7　mixi 利用開始時期についての年齢差**

| | あなたの mixi のおおよその利用開始時期についてお知らせください。 | | | | | | | | 合計 |
|---|---|---|---|---|---|---|---|---|---|
| | 1か月前 | 1-2か月前 | 2-3か月前 | 3-6か月前 | 6か月-1年前 | 1-2年前 | 2-3年前 | 3年以上前 | 不明 | |
| 15～19歳 | 1 | 2 | 2 | 0 | 2 | 3 | 4 | 2 | 0 | 16 |
| 20～29歳 | 3 | 0 | 2 | 3 | 5 | 16 | 21 | 34 | 1 | 85 |
| 30～39歳 | 1 | 1 | 1 | 1 | 5 | 11 | 12 | 21 | 0 | 53 |
| 40～49歳 | 0 | 0 | 1 | 0 | 1 | 6 | 5 | 5 | 0 | 18 |
| 50～59歳 | 0 | 0 | 1 | 1 | 0 | 0 | 2 | 3 | 0 | 7 |
| 60～65歳 | 1 | 0 | 0 | 0 | 0 | 0 | 0 | 1 | 0 | 2 |
| 計 | 6 | 3 | 7 | 5 | 13 | 36 | 44 | 66 | 1 | 181 |

（出所：著者作成）

については，特に見られないように思われる（図表3-4，3-5参照）。これに対して，年齢差については，やはり，若い人々のほうが mixi を利用している傾向をみることができる（図表3-6，3-7参照）。この結果は，われわれの日常的な感覚にも合致している。

われわれの仮説に従えば，ソーシャルメディアを実際に利用することによって，ユーザーはリテラシーを獲得し，さらにソーシャルメディアを深く利用できるようになる。とすれば，利用期間の長いユーザーであればあるほ

第3章 予備調査：サイト利用状況調査　51

**図表3-8　利用頻度と利用期間の長さの相関分析**

|  |  | mixi<br>利用頻度 | mixi 利<br>用期間 | YouTube<br>利用頻度 | YouTube<br>利用期間 | twitter<br>利用頻度 | twitter<br>利用期間 | ブログ<br>利用頻度 | ブログ<br>利用期間 | モバゲー<br>利用頻度 | モバゲー<br>利用期間 |
|---|---|---|---|---|---|---|---|---|---|---|---|
| mixi<br>利用頻度 | 相関係数 |  | 0.14 | **0.23** | 0.06 | **0.35** | -0.06 | 0.17 | 0.01 | 0.22 | 0.18 |
|  | 有意確率 |  | 0.06 | 0.00 | 0.45 | 0.00 | 0.64 | 0.06 | 0.93 | 0.08 | 0.14 |
|  | $n$ |  | 181 | 166 | 166 | 65 | 65 | 127 | 127 | 65 | 65 |
| YouTube<br>利用頻度 | 相関係数 | **0.23** | **0.23** |  | **0.30** | **0.35** | 0.15 | **0.32** | 0.12 | 0.08 | 0.20 |
|  | 有意確率 | 0.00 | 0.00 | . | 0.00 | 0.00 | 0.15 | 0.00 | 0.06 | 0.48 | 0.06 |
|  | $n$ | 166 | 166 |  | 384 | 90 | 90 | 235 | 235 | 91 | 91 |
| Twitter<br>利用頻度 | 相関係数 | **0.35** | 0.03 | **0.35** | 0.19 |  | **0.25** | **0.41** | 0.01 | 0.20 | 0.02 |
|  | 有意確率 | 0.00 | 0.78 | 0.00 | 0.08 | . | 0.02 | 0.00 | 0.96 | 0.23 | 0.91 |
|  | $n$ | 65 | 65 | 90 | 90 |  | 93 | 72 | 72 | 37 | 37 |
| ブログ<br>利用頻度 | 相関係数 | 0.17 | 0.17 | **0.32** | **0.14** | **0.41** | 0.21 |  | **0.18** | 0.07 | 0.22 |
|  | 有意確率 | 0.06 | 0.06 | 0.00 | 0.04 | 0.00 | 0.07 | . | 0.00 | 0.54 | 0.07 |
|  | $n$ | 127 | 127 | 235 | 235 | 72 | 72 |  | 281 | 70 | 70 |
| モバゲー<br>利用頻度 | 相関係数 | 0.22 | -0.03 | 0.08 | 0.06 | 0.20 | -0.07 | 0.07 | 0.03 |  | 0.15 |
|  | 有意確率 | 0.08 | 0.81 | 0.48 | 0.57 | 0.23 | 0.67 | 0.54 | 0.79 | . | 0.11 |
|  | $n$ | 65 | 65 | 91 | 91 | 37 | 37 | 70 | 70 |  | 112 |

（出所：著者作成）

ど，現時点での利用頻度も増える傾向にありそうである。

　mixi 利用頻度と mixi 利用期間（いつから始めたのか）の相関分析を行った結果，統計的には微妙な支持ではあるが，$r = 0.14$（$p = 0.06$）の極めて弱い相関をみることができる（図表3-8参照）。現実問題として離脱していくユーザーが存在することを考慮すると，それでも現在の利用頻度と利用期間に正の相関が示唆されていることは興味深い。ネット・リテラシー概念を用いることで，より精緻にその関係を捉える必要がありそうである[19]。

　実際，利用期間と利用頻度の関係については，もう少し詳細データを確認

---

[19] そのほかに興味深いところとしては，mixi 利用頻度は，他のコミュニティサイトの利用頻度とも正の相関を有しているように見える。この結果は，一方で想定されるコミュニティサイトのスイッチングについて，むしろそれぞれのサイトが補完的に利用される傾向にあることを窺わせる（mixi-YouTube 利用頻度：$r = 0.23$（$p < .001$），mixi-twitter 利用頻度：$r = 0.35$（$p < .001$））。

図表3-9　利用頻度と利用期間の関係

| 利用期間/利用頻度 | 低い | やや低い | どちらでもない | やや高い | 高い | 利用しない |
|---|---|---|---|---|---|---|
| 1か月前 | 4 | - | 1 | - | 1 | - |
| 1-2か月前 | 2 | - | - | 1 | - | - |
| 2-3か月前 | 3 | 2 | - | - | 2 | - |
| 3-6か月前 | 3 | - | - | 2 | - | - |
| 0.5-1年前 | 5 | 2 | 1 | 4 | 1 | - |
| 1-2年前 | 21 | 4 | 1 | 8 | 2 | - |
| 2-3年前 | 13 | 8 | 3 | 9 | 11 | - |
| 3年以上前 | 28 | 6 | 5 | 8 | 19 | - |
| 不明 | - | - | 1 | - | - | - |
| 利用しない | - | - | - | - | - | 573 |

（出所：著者作成）

図表3-10　mixi利用歴3年以上のユーザー（n=66）のmixi利用頻度

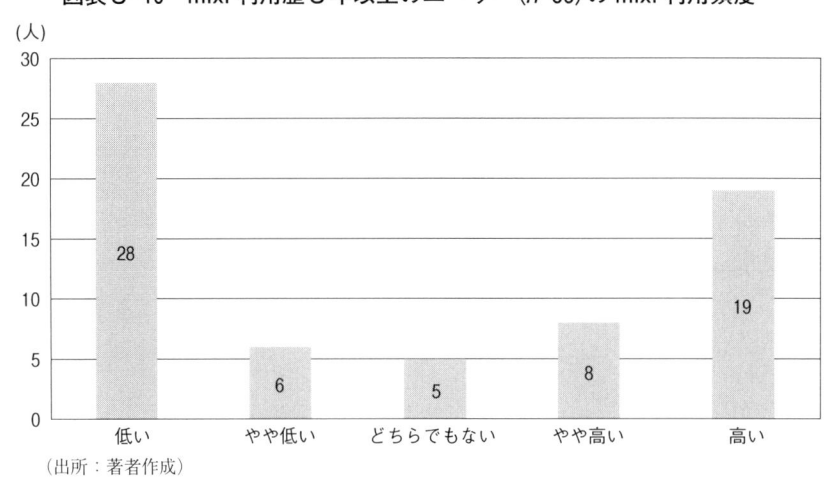

(人)

| 低い | やや低い | どちらでもない | やや高い | 高い |
|---|---|---|---|---|
| 28 | 6 | 5 | 8 | 19 |

（出所：著者作成）

すると，単純な線形ではない関係をみることができる。利用期間が低いユーザーの利用頻度が低い傾向にあるのに対して，利用期間が長いユーザーは利用頻度が高いユーザーと低いユーザーに分かれている（図表3-9参照）。特

に，利用期間が3年以上になる長期利用ユーザーに限定して利用頻度を確認すると，利用頻度は明確に二極化する傾向も見て取ることができる（図表3-10参照）。利用期間を通じて，頻度に変化が現れることを示しているように見える。

## 3-3 サイト利用とメディア・リテラシーの探索的分析

本調査では，メディア・リテラシーに関わると考えられる項目も探索的に調査されている。最後に，本研究で取り上げるmixiを対象として，これらのデータを分析することを通じて，サイト利用とメディア・リテラシーの関係を捉え，本題となるサイト利用とネット・リテラシーの考察につなげることにしたい。

まず，サイト利用については，mixiを利用している（または利用したことがある）ユーザーと，全く利用していないユーザーにグループを分けた。当然，mixi利用・非利用ユーザーは年齢に大きな影響を受けると思われる。実際，年齢（①15-19，②20-29，③30-39，④40-49，⑤50-59，⑥60-65）を$t$検定した結果，mixi利用ユーザーの方が年齢は若いことが支持されている（図表3-11参照）。当然，ネット利用が年齢の影響を受けるであろうことを考えれば，われわれの本調査では，ネット利用を前提として，かつ年齢をうまく割り付けて分析を行う必要があるだろう。年齢の影響とは別に，リテラシーの違いが問われなくてはならないからである。

以下では，この点を考慮した上で，メディア利用度についても同様に一日

**図表3-11 mixi利用の有無と年齢**

|  | mixi利用しない ($n=573$) | mixi利用する ($n=181$) |  |
|---|---|---|---|
|  | 平均 | 平均 | $t$値 |
| 年齢 | 3.98 | 2.56 | 14.14 *** |

$^+p<.10, *p<.05, **p<.01, ***p<.001$
（出所：著者作成）

**図表 3-12　mixi 利用の有無にもとづく他のメディア利用時間**

|  | mixi 利用しない (n = 573) 平均 | mixi 利用する (n = 181) 平均 | t 値 |
|---|---|---|---|
| テレビ時間 | 3.96 | 3.46 | 3.79 *** |
| ラジオ時間 | 1.71 | 1.38 | 3.82 *** |
| 新聞時間 | 1.98 | 1.65 | 5.01 *** |
| 雑誌時間 | 1.69 | 1.75 | -1.01 |
| パソコン時間 | 2.93 | 4.08 | -6.56 *** |
| 　内ネット時間 | 2.14 | 3.24 | -8.55 *** |
| ゲーム時間 | 1.30 | 1.56 | -3.01 ** |
| 携帯時間 | 2.28 | 3.24 | -7.19 *** |
| 　内通話時間 | 1.70 | 1.78 | -1.42 |
| 　内ネット時間 | 1.47 | 2.30 | -7.78 *** |
| 　内メール時間 | 1.81 | 2.20 | -4.37 *** |
| 　内ゲーム時間 | 1.25 | 1.71 | -4.99 *** |
| 　内音楽時間 | 1.22 | 1.56 | -4.88 *** |
| 　内動画時間 | 1.14 | 1.38 | -4.51 *** |
| 　内ワンセグ時間 | 1.15 | 1.25 | -2.28 * |
| テレビ時間 | 3.96 | 3.46 | 3.79 *** |
| ラジオ時間 | 1.71 | 1.38 | 3.82 *** |

$^+p<.10$, $^*p<.05$, $^{**}p<.01$, $^{***}p<.001$
（出所：著者作成）

の平均利用時間（①見ない・聞かない・ほとんどしていない，②1時間未満，③1-2時間未満，④2-3時間未満，⑤3-4時間未満，⑥4-5時間未満，⑦5-6時間未満，⑧6時間以上）の t 検定を行った。

　結果として統計的に総じて支持されたのは，mixi の非利用ユーザーのほうがテレビ・ラジオ・新聞の利用時間が長いと考えられること，逆に，mixi の利用ユーザーのほうがパソコンや携帯電話の利用時間が長いということであった（図表3-12参照）。

　もうひとつ，より直接的にわれわれの議論からすればネット上でのスキルに該当するであろう項目についての調査結果を用いて，mixi 利用の有無に

### 図表3-13　mixi利用の有無とスキルの関係

|  | mixi利用しない ($n = 573$) | mixi利用する ($n = 181$) |  |
|---|---|---|---|
|  | 平均 | 平均 | $t$ 値 |
| 葉書や手紙を自筆で書いて出す | 2.70 | 2.48 | 2.29 * |
| 新聞を読みこなす | 3.03 | 2.68 | 3.68 *** |
| 文書中心の雑誌(文藝春秋, 週刊新潮等)を読みこなす | 2.76 | 2.67 | 0.95 |
| 写真等, グラビア等が多い雑誌(ファッション雑誌, 芸能雑誌等)を読みこなす | 2.93 | 3.20 | -2.99 ** |
| 漫画・コミック誌を読みこなす | 2.96 | 3.75 | -7.23 *** |
| ラジオを聞きこなす | 2.64 | 2.70 | -0.56 |
| パソコンでのメールの送受信 | 3.00 | 3.91 | -8.51 *** |
| 携帯電話でのメールの送受信 | 3.62 | 4.33 | -8.66 *** |
| パソコンでのインターネット利用 | 3.17 | 4.27 | -11.81 *** |
| 携帯電話でのインターネット利用 | 2.69 | 3.93 | -12.54 *** |
| パソコンでの音楽のダウンロード | 2.26 | 3.29 | -8.97 *** |
| 携帯電話での音楽のダウンロード | 2.32 | 3.37 | -9.26 *** |
| パソコンでの画像(静止画・動画)のダウンロード | 2.47 | 3.52 | -9.19 *** |
| 携帯電話での画像(静止画・動画)のダウンロード | 2.34 | 3.46 | -10.15 *** |
| パソコンでのブログ作成 | 1.70 | 2.80 | -9.60 *** |
| 携帯電話でのブログ作成 | 1.64 | 2.69 | -9.34 *** |
| パソコンでのビデオの録画・再生 | 2.26 | 3.02 | -6.41 *** |
| パソコンでのスカイプ | 1.61 | 2.49 | -7.45 *** |
| パソコンでの文書・企画書作成(Word, Powerpoint等) | 2.62 | 3.57 | -8.75 *** |
| パソコンでの表計算・グラフ作成等(Exccel等) | 2.54 | 3.41 | -7.59 *** |
| 携帯電話のメールでの絵文字・顔文字等の利用 | 3.20 | 4.02 | -8.33 *** |
| 携帯電話での写メールの送受信 | 3.18 | 4.18 | -10.15 *** |
| 携帯電話でのゲーム | 2.41 | 3.67 | -10.54 *** |
| iPod/WALKMAN等の携帯型デジタル音楽プレーヤーの利用 | 2.33 | 3.45 | -9.16 *** |
| 家庭用据え置き型ゲーム機(Wii, プレイステーション3, Xbox360等)の利用 | 2.30 | 3.40 | -9.36 *** |
| デジタルでカメラ撮影した写真の編集・印刷 | 2.60 | 3.57 | -8.73 *** |

$^+ p<.10, * p<.05, ** p<.01, *** p<.001$
　(出所：著者作成)

**図表3-14　mixi利用とスキルについての相関分析**

| n=181 | mixi利用頻度 |
|---|---|
| 葉書や手紙を自筆で書いて出す | -0.01 |
| 新聞を読みこなす | -0.21** |
| 文書中心の雑誌(文藝春秋,週刊新潮等)を読みこなす | -0.05 |
| 写真等,グラビア等が多い雑誌(ファッション雑誌,芸能雑誌等)を読みこなす | 0.14 |
| 漫画・コミック誌を読みこなす | 0.02 |
| ラジオを聞きこなす | -0.06 |
| パソコンでのメールの送受信 | -0.04 |
| 携帯電話でのメールの送受信 | 0.20** |
| パソコンでのインターネット利用 | -0.03 |
| 携帯電話でのインターネット利用 | 0.13 |
| パソコンでの音楽のダウンロード | 0.01 |
| 携帯電話での音楽のダウンロード | 0.13 |
| パソコンでの画像(静止画・動画)のダウンロード | -0.05 |
| 携帯電話での画像(静止画・動画)のダウンロード | 0.14 |
| パソコンでのブログ作成 | 0.07 |
| 携帯電話でのブログ作成 | 0.20** |
| パソコンでのビデオの録画・再生 | -0.05 |
| パソコンでのスカイプ | -0.06 |
| パソコンでの文書・企画書作成(Word、Powerpoint等) | -0.12 |
| パソコンでの表計算・グラフ作成等(Exccel等) | -0.11 |
| 携帯電話のメールでの絵文字・顔文字等の利用 | 0.19** |
| 携帯電話での写メールの送受信 | 0.13 |
| 携帯電話でのゲーム | 0.15* |
| iPod/WALKMAN等の携帯型デジタル音楽プレーヤーの利用 | 0.11 |
| 家庭用据え置き型ゲーム機(Wii,プレイステーション3,Xbox360等)の利用 | 0.04 |
| デジタルでカメラ撮影した写真の編集・印刷 | -0.01 |

+ $p<.10$, * $p<.05$, ** $p<.01$, *** $p<.001$
(出所:著者作成)

よる差を検定しておくことにしたい[20]。これも年齢によって強く影響を受け

---

20　より分析的には,当該項目を多変量解析を行うなどして共通因子や主成分を取り出すことが有用であろう。しかしながら,本項目はそれほど理論的に頑健に構築されていなかったためと思われるが,こうした分析が困難であった。そのため,個別項目をそのまま探索的に分析するという方法を取った。

ると思われるが，mixi 利用の有無について，やはりパソコンを中心とした情報機器の利用傾向は mixi を利用するユーザーの方が高い値を示していることがわかる（①自信がない，②どちらかというと自信がない，③どちらともいえない，④どちらかというと自信がある，⑤自信がある）（図表 3-13 参照）。

だが，これらの分析では，mixi を利用することによってスキルがどのように変化するのかという点を捉えることはできない。最後に，参考までにmixi 利用ユーザーを取り出し，その利用期間とこれらスキルの関係を確認しておこう。個別に統計的に有意な形で弱い相関関係をみることができるが，ここから明確な解釈を引き出すことは難しいように思われる（図表 3-14 参照）。なお，ステップワイズを用いた回帰分析では，「新聞を読みこなす」（$\beta = -.22$, $t = -3.07$, $p < .01$），「携帯電話でのブログ作成」（$\beta = -.16$, $t = -2.18$, $p < .05$），「携帯電話でのメールの送受信」（$\beta = -.16$, $t = -2.07$, $p < .05$）が統計的に支持された。やはり，ネット・リテラシー概念の精緻化が必要であることがわかる。

## 3-4 まとめ

オムニバス調査から明らかになったことを，研究課題に合わせて改めてまとめておこう。第1に，ネット・リテラシーの精緻化が必要であることがわかった。第2に，ネット利用とメディア・リテラシーの変化については，第1の点とも関係して，はっきりとしたことはわからなかった。個別に傾向は出ているが，常識的な範囲であるように思われる。ただし，第3に，mixi の利用期間が3年以上のユーザーについては，利用頻度が二極化する傾向をみることができた。離脱という可能性も含めて，考察する必要がある。

# 第4章
# 探索的調査：デプスインタビュー

本章では，オムニバス調査での発見を参考にしつつ，先行研究で整理されたネット・リテラシー概念について，デプスインタビューを通して深掘することで，ネット・リテラシー概念の尺度開発や，その後のネット・リテラシーとサイト利用頻度との関係に関する実証研究に向けた仮説構築につなげることを目的とする。

## 4-1 研究方法

サンプルの特性としては，3年以上前からmixiに登録していて，その間に離脱しているユーザー（2名A・B）と継続しているユーザー（2名C・D）である。mixiの離脱者と継続者に対してのデプスインタビューの内容を比較することで，3つのネット・リテラシーに対する相違を深く理解する。それにより，ネット・リテラシー概念の確認をし，その違いによって，離脱や継続を含むサイト利用にどのように反映されているのかを理解する。

## 4-2 インタビュー内容

離脱者と継続者それぞれにインターネットそれ自体の日常的な利用については，離脱者と継続者ともに，日常的にネット利用を行っていた。しかし，その内容には違いがあった。離脱者は，日常的に利用するものとして，ニュースや携帯でのメールチェックに終始するのに対して，継続者は，携帯メールやニュースを閲覧するのはもちろんのこと，国内の動画サイトだけでなく，海外動画サイト，写真の共有サイト，facebookなどの他のソーシャルメディアなど多岐にわたって利用していた。当然，インターネットに接する時間なども相違が生まれる。離脱者は，電車の中の帰宅時間などの暇つぶ

しの時間帯に利用しているのに対して，継続者は，常時接続しながら，仕事や他のこともこなすという，いわゆるながら使用をしているため使用する時間は長い。このように，特定のソーシャルメディア利用の離脱と継続によって抽出したのにもかかわらず，インターネットに対する利用そのものに対しても相違が存在する。以下，それぞれのネット・リテラシーについて順に見てみることにする。

### 4-2-1　ネット操作力

まずは，ネット操作力の理解から始める。基本的に離脱者，継続者共に，パソコンの使い方に関しては，周りの人々よりも比較的スキルがあると答えている。パソコン自体の使い方は，ほぼ同様の状態といえよう。しかし，新たなインターネットサービスに対して積極的に試したり取り組んだりということになると，その使い方は大きく異なる。

> 「グルーポンとかはトライしてみたのですが，そこまでうまく…利用に至ってないですね」（離脱者 A）
> 「（ニュースと検索以外に）もう新しいものをそんなに求めていかなくても…」（離脱者 B）

このように，離脱者は，パソコン等に関して苦手ではないが，ウェブをうまく使いこなすかと言えばそうでもない。それゆえ，新たなインターネットサービスを試みることはなく，それに応じて操作のスキル自体も上達していないといえよう。

> 「Twitter は mixi に連動させられて，mixi のつぶやきにも一緒に入ってくるんです。あと Ustream で動画配信して Twitter から入れるんですよ」（継続者 C）
> 「最近よく使うようになったのは，SayMove!と海外の動画サイトですね。

……今年に入ってからで言うと，フォト蔵とpixivです。一眼レフを買ったので，それをあげるサイトとして無料で写真を掲載できる場所を探して…」(継続者D)

 一方，継続者は，さまざまなサービスやアプリケーションを試していることで使いこなしているといえよう。それは，インターネットに存在するさまざまなサービスだけではなく，mixiのアプリ機能においても同様に違いを見ることができた。このことは，離脱者と継続者において，ネット操作力に相違があることを示している。

## 4-2-2 ネット・コミュニケーション力
 次にネット・コミュニケーション力に関して見てみることにする。そもそも，mixi利用動機においても離脱者と継続者では違いが生じている。

「高校の同級生が始めて，その招待でした。多分ブームが来たんだと思います」(離脱者A)
「職場の(名前)から招待されて」(離脱者B)

 離脱者は，mixiを始めたきっかけとして，リアルでの知り合いである同級生や同僚をあげる。これらの発言からも，離脱者は積極的に見知らぬ人とコミュニケーションをとるつもりではなかったといえる。

「趣味つながりで出会った年上の女…に誘われて，興味本位で始めた…最初はうまく使いこなせていなかったんですが，それをしたことによって，いつも同じイベントなどで顔を合わせて，どんどんつながっていったので」(継続者C)
「ソーシャルネットワークサービスは人数が増えないと意味がないところがあるので，人数が増えるのを待っていたというか。大きく成長した

ら始めようかな」(継続者 D)

　一方，継続者は，はじめからの主目的として，趣味やそれ以外のつながりを起点として，多くの人々と接することを目的としていることが窺える。しかし，厳密に言えば，最初は，離脱者も戸惑っていたようである。「何か面倒くさいと思って，嫌な人とつながるのも連絡を取るのも怖いしと思ったんです」(継続者 C) と発言もしており，動機がそのまま，今の利用につながっているのではなく，利用していく中で明瞭になっていたようである。こうした，その違いは，mixi をはじめてからのつながった相手（対象）にも現れている。

>「見知らぬ人に広がることは，あまりなかったですね。基本的に知っている人同士」(離脱者 A)
>「学生時代に就職活動で知り合ったり，バイトを一緒にやっていた友人など…リアルな友達。リアルな友達としかつながっていません」(離脱者 B)

　離脱者は，紹介者を含めて考えると，「同級生などの知人 (A)」，「就活や職場でのリアルな友人 (B)」という，すでに存在する既知の関係の人々と mixi 上でコミュニケーションを行っていた。

>「しゃべったことはないし何をしている人かも分からないという人がたくさんいて，それが mixi を通してつながっていったというのがあります」(継続者 C)
>「(高校の同級生や仕事仲間と限定しない) いろいろな知り合いです」(継続者 D)

　一方，継続者は「趣味の音楽仲間 (C)」など，趣味を起点として新しい

人々とコミュニケーションを行っていた。もう一人の継続者（D）は，学校，仕事，趣味というカテゴリーにこだわらず，さまざまな人々とつながりを持とうとしていた。とはいえ，継続者は，よく知らない人とよく知っている人，すべての人々に対して同じようにコミュニケーションしていたわけではない。

> 「どこの誰か分からないと話しかけづらいじゃないですか。誰かとつながっているというのが分かることによって，安心感じゃないけれど，ちょっと信用性があるというか，そういうことが分かると話しかけやすかったりして。（マイミクに関しては）ほとんどリアルです。90％以上」（継続者C）

> 「公開範囲にもよるのですが，ボイスを全体公開にしていると，例えば私が友達とボイス上で会話したとすると，その友達の友達にも会話している内容が見えるんですよ。なので，この子と仲がいい子はこの子なんだなというのが，友達の友達に分かるんですよね。そういう意味で，見ていて楽しいのです。『私の友達と仲のいい，よくしゃべっているこの子は誰なのかな』と見に行ったりして。『大学の同級生か』とか…マイミクまではいきませんが，数回会話をする程度は」（継続者D）

離脱者は，リアルの友人にとどまっているのに対して，継続者は，趣味で知り合った友人，知り合いの友人と，「友人」を媒介することで，つながりを確保していく。友人の友人によってある種の信頼感が生まれることになる。その意味で，なにも無制限に多くの人々とつながりを確保しているわけではない。

しかし，友人でとどまるのか，友人の友人まで考慮するのかで，その範囲は大きく違うことになる。同時に，継続者は，公開や登録などを親密の程度によって代えることで，接触のパターンを使い分けている。親密の濃淡によって公開する内容を使い分けている。このことは，ウェブ上で行うコミュニケーションのためのスキルとなっているといえよう。さらには，交流する

場の選択においても使い分けを行っている。

> 「会話したくて，コミュニケーションがとりたくて入っているコミュニティと，ただ単に自分の好きなものの紹介として入っているコミュニティと２種類に分けています」（継続者 D）

　趣味や関心によってコミュニケーション領域を設定するコミュニティの選択も，双方向のコミュニケーションを期待するものと双方向ではなく発信の場のみとして利用しているものとに違いが存在する。これは，ROM と RAM という従来の区分でははかりきれないものとなっている。また，コミュニケーションは，自身の行為だけでなく，相手の行為によっても開始される。それゆえ，匿名性の程度が高いウェブ上では，プロフィールの設定によって相手の行動を先取りする行為となる。通常，プロフィールなどが，コミュニケーションを円滑にする文脈となっているため，コミュニケーションを可能にするのは，工夫が必要である。

> 「（プロフィールで）『好きなことはこれ』と書いてしまうと，『じゃあ，ほかは好きじゃないのか』と…プロフィールは最初に見る所なのに，何も全部自分の好きなところを教えなくても」（継続者 D）

　さらには，コミュニティに所属すること自体も，同様に工夫が必要である。

> 「性格を表すコミュニティもあるのだと思います。『寂しがり屋』とか『寂しがり屋だけど一人が好き』とか，そういうコミュもあるので，多分自己紹介絡みだと思います」（継続者 D）

　それほどよく知らない人々同士では，その場のルールが不明瞭と同時に，相手の表情やニュアンスなども欠落しているため，全く見当外れなままコ

ミュニケーションが続く偶発性が顕著になってしまう．それゆえ，プロフィールにとどまらず，その場そのものを限定されているものを選択することで円滑に行われようとしている．

こうしたネット特有のコミュニケーションが，離脱者にとって離脱という結果になる．

> 「多分コメントが付いたり友達申請があるとメールが来るというのがあったと思うのですが，それがすごく煩わしくなってしまって…」（離脱者A）
> 「mixiで知らない人から足あとを付けられるのがちょっと嫌だなと思うようになって，ログイン頻度も減ったりしたというのもあります．だからメッセージなどもたまにきたりすると，『何だこれ』という感じで返事もしないのですが，受信するのも嫌なのです」（離脱者B）

このように，ネット上のコミュニケーションが煩わしく感じることが離脱の理由となったようだ．すなわち，離脱者は，ネット上のコミュニケーションに耐えうるネット・コミュニケーション力をもっていないと言える．

> 「向こうが何を言っているのかが分かりづらくなったので，何をしているかなと思ったりもしますけれど…本当に会いたいんだったら携帯でメールしたりするので」（継続者C）
> 「（ネット・コミュニケーションには疲れて）ひどいとパソコンを開きません」（継続者D）

一方の継続者も，ネット上のコミュニケーションは，煩わしく面倒なものと感じているようである．だが，それ以上の便益，コミュニケーションがもつ便益のため離脱まではいっていない．例えば，mixiの日記に関する離脱者と継続者との認識は，対照をなす．

「多分直接会って友達と話すよりも，ちょっとだけ脚色している自分が気持ち悪かったんだと思います」（離脱者 A）

離脱者は，リアルの自分こそが自分であってそこから自身の中で距離ができる日記は脚色と感じている。

「みんな日記を書かなくなったので。逆に日記などだと，こういうことが起こって，こういうふうに思ったと自分でも自分に気づくし，書きながら気づいている部分がある。それは見ている人たちも，いろいろ自分の状況を，それを読むことによって変わったりということもあるかもしれませんが，そういうものが薄くなってきたことが残念」（継続者 C）

一方で，継続者は，ネットの自分も，ひとつの自分であって，それによって自身も周りにも変化が生じる。脚色というよりは，自身に対しても変化を起こすコミュニケーション媒体として捉えている。日記の認識からも，継続者のコミュニケーション志向が強いことがわかる。

「本当に一生の最後の別れではなくて，きっかけやタイミングが合えば遊びにおいでよとつながっていられるので」（継続者 C）
「一番多く利用者がいるということで，知人でもやっている人が一番多い」（継続者 D）

継続者は，mixi を使うことで継続的なコミュニケーションが可能だと考えている。それゆえ離脱するまでに至らない。他方，離脱者は，mixi を使わなくなってから，「直接会うこと（A）」や，「携帯メール（B）」など，従来のリアルの関係を継続するのに適しているコミュニケーション媒体に戻っている。その認識は，新たな媒体の利用に関しても同様のようである。

Twitterに関しても、「本当に簡単なコミュニケーションだったら続けていける（A）」と通常の対面コミュニケーションに近い類似点を見出すことで、その媒体を利用している。

### 4-2-3 ネット懐疑志向

このようにネット操作力とネット・コミュニケーション力の相違を見てきたが、ネット懐疑志向に関しては、他のふたつと異なる結論になる。離脱者、継続者ともに、インターネット情報に関して懐疑的に臨んでいる。

> 「客観的な情報（を信じる）、ブログとか個人の意見に関しては自分で価値を見極めなければいけない」（離脱者A）
> 「客観的情報は、90％信じられ、10％信じられない、主観的情報は20％信じられ、80％信じられない。（インターネットの情報は）数歩引いて情報を咀嚼しているようにしています」（離脱者B）

離脱者は、インターネット上の個人による情報に対して懐疑的な姿勢で臨んでいることがわかる。

> 「テレビは、まず間違いないかなって、何かちゃんとフィルターを通して、間違いがないってところで発信されている情報かな…ネットだとフィルターはなしで…」（継続者C）
> 「（利用者）の条件が現実社会と同じではなく、偏りがある以上、発言や思想などの傾向や流行に偏りがあると思う…デマや噂もありますし、勘違いや思い込みもあり間違った情報もあります」（継続者D）

一方の継続者についても同様であり、インターネット上の情報に対して、懐疑的な志向をもっている。

## 4-3 まとめ

　以上のことから離脱者と継続者の違いから次のように言うことができる。第1に，コミュニケーションの対象範囲を見ると，継続者の方が，離脱者に比べて，ネット・コミュニケーション力が高いと推測できる。継続者は，ネット上の煩わしいコミュニケーションの対処することに疲れることがあるものの，十分に対応でき継続することを望んでいる。その一方で，離脱者は，予想以上にネット・コミュニケーションの特異性になれず離脱していた。そのことで，離脱者は，ネット特有の未知な人々と出会いのためのコミュニケーションを止め，対面なコミュニケーションに近い，携帯メールなどを利用し，リアルの関係強化に努めていると言える。

　第2に，ネット操作力に関しては，継続者のほうが，離脱者に比べて，インターネットのアプリケーションなどの機能を積極的に使用しており高いように推測できる。それは，こうした機能が，その他の人々とつながることやネット上のコミュニケーションを行うことを促進するからだと考えられる。

　第3に，懐疑的に情報を取捨選択するネット懐疑に関しては，離脱者と継続者共に，インターネットの情報に慎重であり高いように推測できる。理論的に懐疑とは，触れることで懐疑的な考えが芽生える社会化のプロセスである。その意味で，ネット情報を漠然と懐疑的にみるかだけでなく，隠れた危険性や間違いも見極めることが重要視されている。しかし，デプスインタビューでは，離脱者と継続者では，サンプル数の問題でもあり，明確な相違を見ることができなかった。それゆえ，実証調査で確認することにしたい。

# 第5章
# 研究課題と仮説構築

　本章では，先行研究における理論課題や，予備調査，さらにはデプスインタビューなどの探索的調査の結果を踏まえて，ネット・リテラシーとサイト利用に関する研究課題と仮説を提示する。それらを整理すると，大きくは次の4つの研究課題が挙げられる。まず第1に，ネット・リテラシーとサービス利用との歴史的な相互依存関係についての確認であり，第2にネット・リテラシー概念の尺度開発であり，第3にサイト離脱者と継続者とのネット・リテラシーの比較，最後に第4にネット・リテラシーとサイト利用頻度・態度との関係についての研究課題である。

## 5-1　ネット・リテラシーとサービス利用との相互依存関係

　まず，第1の研究課題としては，ネット・リテラシーとサイト利用との相互依存的関係の提示である。これは，先行研究サーベイからの理論課題である。その実証方法としては，第7章のmixiの歴史的事例研究により検証を行う。

## 5-2　ネット・リテラシー概念の尺度開発

　次に，第2の研究課題としては，ネット・リテラシー概念の尺度開発である。同じくこれも，先行研究サーベイから概念構築が期待される理論課題である。先行研究やデプスインタビューを参考に導出した3つのネット・リテラシー概念やその尺度について，第6章のmixiの歴史的事例研究を通して，その存在を確認し，さらには第7章，第8章でのユーザーへの質問票調査を通して探索的・確認的因子分析を実施し，その尺度開発を行う。

## 5-3　サイト離脱者と継続者とのネット・リテラシーの比較

　第3の研究課題としては，サイト離脱者と継続者での3つのネット・リテラシーの比較である。これは，予備調査（オムニバス調査）から具体化された課題でありデプスインタビューを通して仮説化された。その実証方法としては，第6章のユーザーへの質問票調査で差の検定により検証する。

　離脱者と継続者のデプスインタビューからは，継続者の方がネット操作力やネット・コミュニケーション力が高いことが推測される。そこで，次のような仮説を立てることができる。

H1:　mixi継続者は，mixi離脱者に比べて，ネット操作力の平均値が有意に高い。

H2:　mixi継続者は，mixi離脱者に比べて，ネット・コミュニケーション力の平均値が有意に高い。

　一方，ネット懐疑志向に関しては，デプスインタビューからは，継続者と離脱者に明確な差は見られなかったが，先行研究からは継続者のほうが高いことが推測される。

H3:　mixi継続者は，mixi離脱者に比べて，ネット懐疑志向の平均値が有意に高い。

## 5-4　ネット・リテラシーとサイト利用頻度との関係

　最後の研究課題としては，ネット・リテラシーのサイト利用頻度への影響である。これも，先行研究サーベイからの理論課題である。探索的調査である予備調査，そしてデプスインタビューを通して仮説化された。その実証方法としては，第8章のユーザーへの質問票調査で重回帰分析により検証を行う。

H4: ネット操作力は，mixi の利用頻度を高める。

H5: ネット・コミュニケーション力は，mixi の利用頻度を高める。

H6: ネット懐疑志向は，mixi の利用頻度を高める。

以下では，4つの研究課題ごとに，それぞれの検証に適した方法論で，実証調査を行うこととする。

# 第6章
# ネット・リテラシーとサイト利用の歴史的調査

　本章では，第1の研究課題であるmixiのサイト利用と，ユーザーのネット・リテラシーとの相互依存的関係を，mixiのサービスと，そのサービスで必要とされるネット・リテラシーの水準について，歴史的な事例分析を通して明らかにする。このことは，同時に第2の研究課題である3つのネット・リテラシー概念尺度の妥当性の傍証となる。

　以下では，はじめに研究方法を確認する。その上で，mixiのビジネスの概要を確認し，mixiのサービスの変遷とネット・リテラシーとの全体像を概観しつつ，サービスと3つのネット・リテラシーとの関連をそれぞれ分析する。おわりに，本章での発見事項を明らかにする。

## 6-1　研究方法

　研究方法としては，mixiプレスリリースをもとに，mixiのサービスの変遷と，3つのネット・リテラシーの変化に関する歴史的な事例研究を行う。まずは，mixiによる2004年から2010年までのmixiのサービスに関する，mixiの192のプレスリリースをもとに，mixiのサービスを3つのネット・リテラシーに関係するものに仕分けして時系列に整理を行う。続いて，3つのネット・リテラシーそれぞれにおいて，mixiによるサービス提供とネット・リテラシーの性質や水準と関連づけることで，サービスの利用とネット・リテラシーについての歴史的な相互依存効果を確認する。

　その分析作業は，著者らのうち実際にmixiユーザーである研究者が分析した結果を，他の研究者による確認および本研究と関連していない一般のmixiユーザーによる確認を通して，異なる見解の場合は修正することにより妥当性を確保する。

図表6-1　mixiユーザー数の推移

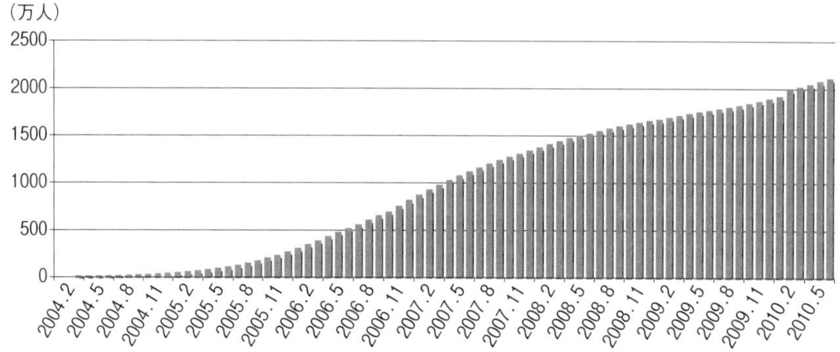

（出所：『ミクシィ四半期決算説明資料』および『mixi プレスリリース』をもとに筆者作成）

## 6-2　mixi の概要

mixi とは，株式会社ミクシィ（2006年2月に株式会社イー・マーキュリーから社名変更[21]）によって運営されている日本版ソーシャルメディアである。国内のソーシャルメディアとして先駆け，2004年2月20日にプレオープン，同年3月3日にベータ版としてオープンした。mixi は，「徹底したコミュニケーション重視の機能群」を特徴とし，公開範囲を調節可能にするなど「人間関係を尊重」，さらにはユーザビリティを含めた「心地よさ」を追求している[22]。その企画・運営に当たっては，ユーザーとコミュニケーションしやすい空間であることを最も重視しているという[23]。

mixi は，非常に速いスピードでユーザー数を増やしてきた（図表6-1参照）。オープンして1年半の2005年8月には100万人を超え[24]，2006年7月には500万人[25]，2007年5月には1000万人[26]，2008年7月には1500万人[27]，

---

21　『mixi プレスリリース 2006 年 1 月 26 日』。
22　『mixi プレスリリース 2004 年 7 月 26 日』。
23　『MacPeople』2004 年 11 月号。
24　『mixi プレスリリース 2005 年 8 月 3 日』。
25　『mixi プレスリリース 2006 年 7 月 26 日』。

**図表6-2　mixiの端末別PVの推移**

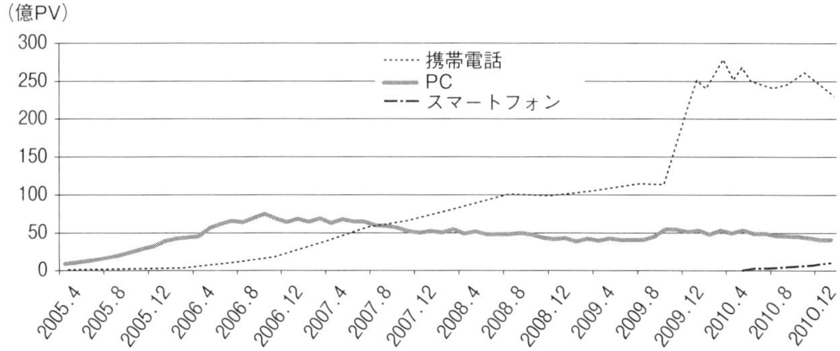

（出所：『ミクシィ四半期決算説明資料』および『mixiプレスリリース』をもとに筆者作成）

2010年4月に2000万人になった。2011年1月現在2265万人で，1ヶ月に1回以上mixiにログインしたユーザーは1481万人を超える[28]。

2011年1月現在，PC版のmixiが41億PV（ページビュー），2004年9月開始の携帯電話版のmixiモバイルが240億PV，2010年5月開始のiPhoneなどのスマートフォン版のmixi touchが10億PVという状況である[29]。2007年8月にはモバイルとPCのPVが入れ替わり，2009年10月のゲームや便利ツールなどの「mixiアプリ」をモバイルで導入以降[30]，さらにモバイルは大きく数字を伸ばしてきた。なお，2010年に入ってからはPVの増加は止まっている（図表6-2参照）。

mixiのユーザー特性は，2011年1月現在，全体で男性48.9％，女性51.1％．うちモバイルユーザーは男性が44.8％，女性55.2％となり若干女性が多い。年齢層は，15-17歳3.0％，18-19歳6.1％，20-24歳27.1％，25-29歳23.1％，30-34歳17.0％，35-39歳11.6％，40-44歳6.1％，45-49歳3.

---

26　『mixiプレスリリース2007年5月21日』。
27　『mixiプレスリリース2008年7月14日』。
28　『ミクシィ2010年度第3四半期決算説明資料』。
29　『ミクシィ2010年度第3四半期決算説明資料』。
30　『mixiプレスリリース2009年10月27日』。

2％，そして50歳以上2.8％となり全体では20代から30代が中心となる。うちモバイルユーザーは，15-17歳4.1％，18-19歳9.9％，20-24歳34.7％，25-29歳22.5％，30-34歳13.4％，35-39歳8.1％，40-44歳4.0％，45-49歳2.0％，50歳以上1.2％となり，モバイルでは24歳以下の構成比が高い。地域属性は，全体では北海道4.5％，東北4.6％，甲信越・北陸4.4％，関東41.9％，東海10.3％，近畿17.2％，中国・四国6.1％，九州・沖縄8.4％，そして海外が2.7％となり，うちモバイルユーザーは，北海道4.7％，東北5.1％，甲信越・北陸4.9％，関東41.5％，東海11.0％，近畿17.5％，中国・四国6.5％，そして九州・沖縄8.7％となり，その地域特性はおおむね全体と同じ傾向である[31]。

　現在のmixiの基本となるサービスは，日記を作成・共有する「mixi日記」，お気に入りを共有できる「mixiチェック」，つぶやきコミュニケーションを行える「mixiボイス」，同級生とつながる「mixi同級生」，会社の友人とつながる「mixi同僚ネットワーク」，キーワードでつながる「mixiキーワード」，ゲームや便利ツールの「mixiアプリ」，予定・イベントを共有する「mixiカレンダー」，そして写真でコミュニケーションを促進する「mixiフォト」が提供される[32]。

　mixiの収益モデルとしては，課金収入と広告収入の2本柱である（図表6-3参照）。第1の課金収入は，ユーザーからの有料サービス利用料金による売上である。それは，「mixiプレミアム」と「mixiポイント」という2タイプの収入がある。mixiプレミアムでは，mixiが提供する有料サービス（日記やフォト，動画といった主要機能の容量拡大，アンケート作成機能など）の利用に対して支払われる月額税込315円の有料会員費が収入となる。

　一方，mixiポイントでは，mixiアプリ内で有料アイテム・コンテンツなどの利用や，mixi内のトップページや日記ページ，フォトアルバムなどのデザイン変更，メッセージを華やかに装飾するデコレーション素材を利用す

---

31　『ミクシィ2010年度第3四半期決算説明資料』。
32　『ミクシィ2010年度第3四半期決算説明資料』。

図表6-3　mixiの収益モデル

（出所：『ミクシィ2010年度第3四半期決算説明資料』を元に著者作成）

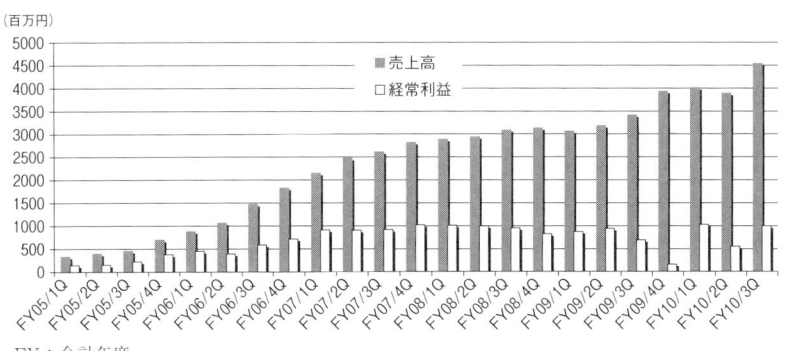

図表6-4　ミクシィの売上高・経常利益の四半期推移

FY：会計年度

（出所：『ミクシィ四半期決算説明資料』、『決算短信』を元に著者作成）

る際に課金される。その課金は、携帯電話事業者の決済手段が利用され、例えば、毎月300ポイントが月額利用料税込315円で付与される。

　第2の広告収入は、広告主の依頼をうけた広告代理店やインターネット広告専門企業のメディアレップからの広告掲載による売上である[33]。広告は、

ユーザーがサービスを利用する際に表示される。

こうしたサービスを展開するミクシィの直近2010年度第3四半期の業績は，売上高45億円，経常利益10億円であり，うちmixiの広告収入が36億円，mixiの課金収入が7億円，別事業のFind Job!が2億円となる[34]。業績の四半期推移をみると，売上高はおおむね右肩上がりで，経常利益は10億前後で横ばいという状況である（図表6-4参照）。

## 6-3　mixiのサービスの変遷とネット・リテラシー

では，mixiのサービスの変遷と，ネット・リテラシーの水準との関係を確認する。先にみたとおり，mixiによる2004年から2010年までのmixiのサービスに関する192のプレスリリースをもとに，mixiのサービスを3つのネット・リテラシーに関係するもの仕分けして，時系列に整理を行う。その結果が，図表6-5となる。なお，図表中の【携】は携帯電話対応の「mixiモバイル」向けのサービス，そして【有】は有料オプションの「mixiプレミアム」向けのサービスであり，【ス】はスマートフォンの「mixiスマートフォン」向けのサービスである。

個別のサービスとネット・リテラシーとの具体的な内容や関係は，続く各節で説明するとして，ここでは全体としていえる特徴を確認する。それは，次の2点が挙げられる。ひとつめの特徴は，毎年公開される多くのサービスがネット・リテラシーと関係している点である。mixiから7年間に公開されたサービスのほとんどが，これら3つのネット・リテラシーのいずれかに関係するものであった。

もうひとつの特徴は，ひとつのサービスが複数のネット・リテラシーと関係している点である。例えば，mixi日記サービスは，ネット操作力との関係で見れば，文章を作成するというインターネットの使い方を必要としたり，知人がネット情報を探索しやすくする可能性をもつ。ネット・コミュニケー

---

33　『ミクシィ2010年度第3四半期決算説明資料』。
34　『ミクシィ2010年度第3四半期決算説明資料』。

## 図表6-5　ネット・リテラシーに関連するmixiのサービスの変遷

| 時期 | ネット・コミュニケーション力 | ネット操作力 | ネット懐疑志向 |
|---|---|---|---|
| 2004年3月 | 招待制，mixi日記，プロフィール，マイミクシィ，新着表示，最新情報表示，ログイン時間表示，メッセージ検索，メルマガ，足あと，おすすめレビュー，コミュニティ，【携】mixi日記の更新，プロフィール画像のアップ | mixi日記，外部blog・日記との連携，プロフィール・日記の画像アップ，【携】プロフィール画像のアップ | 招待制，mixi日記，プロフィール，おすすめレビュー |
| 2004年7月 | コミュニティメンバーのおすすめ機能 |  | コミュニティメンバーのおすすめ機能 |
| 2004年8月 | カレンダー機能 |  |  |
| 2004年9月 | 【携】mixi日記，コミュニティ，足あと |  |  |
| 2004年11月 |  |  |  |
| 2005年1月 | 【有】フォトアルバム，簡単日記タグ，mixiモバイルメッセージ | 【有】フォトアルバム，簡単日記タグ，アンケート |  |
| 2005年4月 | 日記・コミュニティ情報のキーワード検索 | 日記・コミュニティ情報のキーワード検索 |  |
| 2006年2月 | mixiニュース |  |  |
| 2006年5月 | mixiミュージック | mixi stationのインストール |  |
| 2006年7月 |  | mixi機能要望 |  |
| 2006年12月 | 名前欄・性別欄の公開レベル設定可能，メッセージ検索，mixiミュージックとiPodの連携，【携】モバイルメッセージ機能，新規ユーザー登録可能 | メッセージ検索，mixiミュージックとiPodの連携，【携】au公式サイト | 名前欄・性別欄の公開レベル設定可能 |
| 2007年1月 | コミュニティ管理人の就任条件の追加 | 【携】QRコードでのマイミク申請 |  |
| 2007年2月 | mixi xドラマ，【有】mixi | ドコモ公式サイト |  |

| 時期 | ネット・コミュニケーション力 | ネット操作力 | ネット懐疑志向 |
|---|---|---|---|
| | 動画(アップ) | 【有】mixi動画(アップ) | |
| 2007年3月 | mixi動画でのキーワード検索 | mixiミュージックの歌詞表示サービス | フリーメールユーザーに携帯電話による認証 |
| 2007年4月 | コミュニティリンク機能, mixi日記のキーワードランキング機能, 【有】mixi日記検索機能, 【携】絵文字対応, コミュニティ新規作, QRコードでの招待 | コミュニティリンク機能, mixi日記のキーワードランキング機能, 【有】mixi日記検索機能, 【携】ウィルコム公式コンテンツ, ノキアオンラインシェアリングでの日記投稿可能(ログイン不要), QRコードでの招待 | |
| 2007年5月 | 絵文字入力対応, レビュー機能にグルメカテゴリー掲載(ぐるなびと提携) | | |
| 2007年6月 | コミュニティへの動画貼付け機能追加, フォトアルバム機能(無料化), mixi動画(無料化), 【携】日記の動画閲覧 | コミュニティへの動画貼付け機能追加, フォトアルバム機能(無料化), mixi動画(無料化), mixi station 機能追加 | |
| 2007年7月 | mixi動画(無料化), 【携】コミュニティ内での動画閲覧機能追加 | mixi動画(無料化) | |
| 2007年8月 | | mixiツールバー機能, YouTubeからの日記投稿可能, 【携】ソフトバンク公式サイト | |
| 2007年9月 | | | mixiバイラル動画広 |

第6章 ネット・リテラシーとサイト利用の歴史的調査

| 時期 | ネット・コミュニケーション力 | ネット操作力 | ネット懐疑志向 |
|---|---|---|---|
| | | | 告 |
| 2007年10月 | | 【携】mixiコレクション機能 | |
| 2007年11月 | | APIを活用した広告(ピノ犬mixiチェッカー) | mixi動画を用いたプロモーション広告,ドラリオンサポーター |
| 2007年12月 | キーワード関連情報,【携】無料ゲームピコピコmixiの提供 | フォトアルバムにラクガキ機能,mixi日記にグーグルマップの貼付け,【携】無料ゲームピコピコmixiの提供 | 【有】mixi日記・記事ごとに公開範囲設定可能,【携】モバイル検索連動型広告,コンテンツ連動型広告開始 |
| 2008年1月 | コミュニティブラウザ機能 | 【携】写真デコレーションアプリ | |
| 2008年2月 | mixiニュースフォトニュースランキングの機能追加,【携】ピコピコmixi対戦ゲーム追加 | 【携】携帯電話メーカーとの機能連携,ピコピコmixiに対戦ゲーム追加 | |
| 2008年4月 | コミュニティブラウザ機能の正式提供 | ニコニコ動画から日記投稿 | mixi日記,記事ごとの公開範囲設定機能,サントリーC.C.Lemonとタイアッププロモーション |
| 2008年7月 | タレント・アーティストとファンとの交流を促進する公認アカウント,mixi Radio,ギフトソング | 【携】ウィルコムの電話機WILLCOM 9との機能連携,キャラクターデザインのmixiコレクション提供開始,iPhone・iPod touch対応mixiアプリケーション | タワーレコードとタイアップ広告 |
| 2008年8月 | エコー(マイクロブログ),あなたの友人かも? | | |
| 2008年10月 | | 【携】mixi ウィジェ | |

| 時期 | ネット・コミュニケーション力 | ネット操作力 | ネット懐疑志向 |
|---|---|---|---|
| | | ット，プリインストールのmixiウィジェット | |
| 2008年11月 | コミュニティランキング機能（インディーズ機能） | mixiのバナー広告のクリエーティブをユーザーに募集，デスクトップウィジェット mixi checker, ミクシィ年賀状 | |
| 2008年12月 | 【携】デコメッセージ | | |
| 2009年1月 | 足あと機能改善・新機能（自分の足あと）追加 | フォトアルバムとソニーのデジカメと連携 | |
| 2009年3月 | | 宇多田ヒカル×mixiプロモーションバナーコンテスト | |
| 2009年4月 | クラスメイト（高校生）とつながりやすくなるmyキーワード | ユーザーがmixiアプリの開発，デジカメの無線LAN内蔵SD型カードからフォトアルバムへの画像アップロード | |
| 2009年6月 | mixi公認有名人アカウント本格開始 | | mixi公認有名人アカウント本格開始 |
| 2009年7月 | マイミクのみんなとコースをつくるイベントのマイミクGP | mixiフォトとソニーのWebサービスLife-Xと連携【携】バナー広告のクリエイティブ募集 | |
| 2009年8月 | 【携】ソーシャルアプリケーションmixiアプリ | mixiコラボ・ツールバー，【携】ソーシャルアプリケーションmixiアプリ | 青少年ユーザー保護のためのゾーニング強化 |
| 2009年9月 | 仲良しマイミク，mixiボ | 第一興商DAM★と | 仲良しマイミク |

第6章 ネット・リテラシーとサイト利用の歴史的調査

| 時期 | ネット・コミュニケーション力 | ネット操作力 | ネット懐疑志向 |
|---|---|---|---|
| | イス（旧，エコー） | もと連携 | |
| 2009年10月 | myリスト，ミクシィ年賀状 | mixiアプリモバイル | |
| 2009年11月 | mixi同級生 | mixiコラボ・ツールバー（3社） | mixi同級生 |
| 2009年12月 | | mixiコラボ・ツールバー（MSN） | |
| 2010年1月 | mixiキーワード | mixiコレクション（ミクコレ）PC版 | |
| 2010年2月 | | シールプリント機撮影画像とmixiフォト連携 | |
| 2010年3月 | | | 招待状が無くても登録を可能に |
| 2010年4月 | | Gmailのアドレス帳との連携 | |
| 2010年5月 | mixiカレンダー | 【携】ドコモよりBlackBerry対応アプリケーション，スマートフォン版mixi Touch | |
| 2010年6月 | mixiフォト，mixiボイスとTwitterとの連携，mixi同僚ネットワーク | mixiフォト | mixi同僚ネットワーク |
| 2010年9月 | mixiチェック，ソーシャルロケーションサービスmixiチェックイン | 【携】mixiアプリスマートフォン版，ソーシャルフォンサービス | |
| 2010年11月 | ミクシィ年賀状 | | |
| 2010年12月 | 外部サイトでのイイネ！ボタン，mixi日記がデコメから更新 | 【携】Android向けアプリケーションmixiの提供を開始 | |

（出所：mixiの2004年から2010年までのプレスリリースより著者作成）

ション力との関係で見れば，他のユーザーが日記のユーザーと新たなコミュニケーションを行うことを促進したり，逆に他のユーザーの日記にコメントをしてそのユーザーと新たな関係をつくることを可能とする。ネット懐疑志向との関係で見れば，知人，知人の知人あるいは未知の人など，そのユーザーとの間柄によって，日記の情報への見方を変化させる可能性をもつ。

## 6-4 ネット・コミュニケーション力

まずは，ネット・コミュニケーション力に関係する mixi のサービスの変遷について，年代を追って順に確認をする。その上で，サービスとネット・コミュニケーション力との変遷を図に整理する。

### 6-4-1 2004 年のサービスとネット・コミュニケーション力

創業の 2004 年には，mixi の基本的なサービスあるいはその前提となる機能が提供される[35]。それらは，招待制をはじめ，mixi 日記機能，プロフィール機能，マイミクシィ機能，コミュニティ機能，足あと機能，新着表示機能，最新情報表示機能，ログイン時間表示機能，メッセージ機能，検索機能，メールサービス機能，おすすめレビュー機能，そしてカレンダー機能などである。

まず，招待制は mixi のサービスの前提となる機能であり，mixi のユーザーとなるためには，mixi で登録している友人から招待を受ける必要があるという仕組みである[36]。つまり，mixi はリアルの友人のつながりをもとに，ユーザーが拡大していくということである。なお，招待を受けるユーザーは，友人から紹介文を書いてもらうことができる。書いてもらった紹介文は，自動的にユーザーのプロフィールページにリスト表示される。その際，友人のプロフィール写真もページに表示され，それをクリックすると友人のページ

---

[35] 基本的機能については，第 2 章，第 3 章の先行研究ですでに説明しているものもあるが，ネット・リテラシーと関連づけての説明となるため，多少の重複があるが記述することとする。

[36] 『mixi プレスリリース 2005 年 8 月 3 日』。

に簡単に移動することができるようになる[37]。

　mixi日記機能とは，mixi上での日記（ブログ）のことである。日記をサイト上で簡単につけることができるだけでなく，他の人がつけた日記に対してコメントを入れることが可能である[38]。すべての日記につき写真3枚までを貼り付けることができる[39]。

　プロフィール機能は，ユーザーが名前をはじめ，ニックネーム，性別，現住所，誕生日，血液型，出身地，趣味，職業，所属，自己紹介文など自らのプロフィールを登録できるサービスである。ユーザーは，そのプロフィールや日記を，どの程度の知り合いまで公開するのかというレベルを「全体」「友人の友人」「友人」の3段階に設定することができる[40]。なお，プロフィールには，写真を3枚まで登録できる。この写真は，次に説明するマイミクシィとして登録している友人のプロフィールページに，ニックネームと一緒に表示される[41]。

　マイミクシィ機能は，自分の友人を「マイミクシィ（通称：マイミク）」として登録することができるサービスである。さらに，既知の友人だけでなく，サイト内で仲良くなったユーザーにも，登録を依頼することができる。本人の承認の上でマイミクとして登録される。登録した友人は，ユーザーのプロフィールページに写真の一覧が表示され，そこからそれぞれの人のページに移動することができる[42]。

　コミュニティ機能は，ユーザーが興味のあるコミュニティに参加したり，新しく作ったりすることができるサービスである。コミュニティには掲示板のようなものがあり，メンバー同士で情報交換することができる。さらには，ユーザーのプロフィールページには参加しているコミュニティの画像一覧が

---

37　水越・前中（2006）。
38　『mixiプレスリリース2004年3月3日』。
39　水越・前中（2006）。
40　水越・前中（2006）。
41　水越・前中（2006）。
42　水越・前中（2006）。

表示される。例えば,「どらえもんと心の友の会」や「豆腐ラブ」,「英語で苦労してます」など一風変わったコミュニティが多いことで知られる[43]。コミュニティ数は,2004年5月に3600件,同年12月に6400件であり,2004年の時点で,すでに数多くのコミュニティが存在していたことがわかる[44]。

　足あと機能は,自分のページを訪れたユーザーのニックネームと訪問時間がリストになって表示されるサービスである。ニックネームにはリンクが張ってあり,クリックして自由にそのユーザーのページへ移動することができる。登録時から今までの訪問者数も随時更新される[45]。

　新着表示機能は,他のユーザーからのメッセージや,日記に新しいコメントがあるときに表示されるサービスである。「新着メッセージが届いています」や「新着コメントが〇件あります」というメッセージが現れる。このお知らせは,ログインすると一目でわかるよう目立つように表示される[46]。

　最新情報表示機能は,マイミクとして登録している友人の日記が更新されると,そのタイトルが表示され,クリックで直接見に行けるようなサービスである。コメントをつけた日記や参加しているコミュニティへの最新の書き込みも,「日記コメント記入履歴」や「コミュニティ最新書き込み」としてユーザーのトップページに表示される[47]。

　ログイン時間表示機能は,プロフィール写真の下に,そのユーザーの「最終ログイン時間」が表示されるサービスである。例えば,「5分以内」あるいは「3時間以内」などと表示される。さらにはユーザーの「マイミクシィ一覧」では,ユーザーのログイン時間の早い者から順に並び変わるようになっている[48]。

　メッセージ機能は,サイト内だけで流通するメッセージのサービスである。

---

43　水越・前中（2006）。
44　『mixi プレスリリース 2005 年 8 月 3 日』。
45　水越・前中（2006）。
46　水越・前中（2006）。
47　水越・前中（2006）。
48　水越・前中（2006）。

ユーザーは，他のどのユーザーとも自由にメッセージのやりとりをすることができる[49]。

検索機能は，年齢や現住所，趣味，キーワードなどを複数設定して，ユーザーを検索できるサービスである。本名やニックネームでも検索することが可能で，友人・知人を探すこともできる[50]。

メールサービス機能は，新着ユーザーのお知らせや，誕生日ユーザーのお知らせ等のメルマガが配信されるサービスである。なお，メルマガの受信あるいは拒否を選択することができる[51]。

おすすめレビュー機能は，書籍，雑誌，CD，ホーム＆キッチンなどのカテゴリーにおいて他のユーザーのおすすめを見たり，おすすめを書いたりすることができるサービスである[52]。なお，作成したおすすめレビューは，参加コミュニティにも掲載できる[53]。

カレンダー機能は，年間のカレンダーをはじめ，天気予報，マイミクシィの誕生日，募集イベントが一覧できるサービスである[54]。

これらのサービスをネット・コミュニケーション力と関係付けると，招待制や，プロフィールでの公開設定を，友人だけに限定にできるという機能は，リアルの友人とのコミュニケーションを行うことを前提とした機能であり，ネット・コミュニケーション力を必要としない。新着表示機能をはじめ，最新情報表示機能やログイン時間表示機能，メッセージ機能，検索機能，メールサービス機能，カレンダー機能は，こうした友人とのコミュニケーションを補強する。

一方，友人の日記やコメントなどを通してわかる，友人の友人とのコミュニケーションは，リアルの友人と関係のあるユーザーではあるが，新たなつ

---

49 水越・前中（2006）。
50 水越・前中（2006）。
51 『mixi プレスリリース 2004 年 3 月 3 日』。
52 『mixi プレスリリース 2004 年 9 月 21 日』。
53 『mixi プレスリリース 2004 年 9 月 21 日』。
54 『mixi プレスリリース 2004 年 9 月 21 日』。

ながりであり，やや高いネット・コミュニケーション力を必要とする。

　次に足あと機能は，自分の日記に関心をもってくれた新しいユーザーとのコミュニケーションを促す。つながっていなかったリアルの友人との出会いもあるが，リアルでは知らないユーザーと出会う可能性もあり，コミュニケーションを行うには高いリテラシーを必要とする。さらに，コミュニティ機能や，おすすめレビュー機能を通しての新しいユーザーとの出会いは，より高いネット・コミュニケーション力を必要とする。

　このように，mixi のサービスは，ネット・コミュニケーション力の複数の水準に対応しているといえる。さらに，こうした幅広いネット・コミュニケーション力に対応したコミュニケーションをサポートする機能を多くもっているともいえる。

### 6-4-2　2005 年のサービスとネット・コミュニケーション力

　2005 年には，日記・コミュニティ情報の検索機能やフォトアルバム機能などが提供された。

　日記・コミュニティ情報のキーワード検索機能は，mixi 日記やコミュニティにおける過去 1 週間の書込みを対象に，キーワード検索できるサービスである。日記検索では，公開レベルを「全体に公開」と設定しているユーザーの日記が対象であり，コミュニティ検索では，コミュニティのタイトルおよび説明文が対象であった。mixi によると，こうした自由な検索機能の導入は，多くのユーザーの要望であったという[55]。

　フォトアルバム機能は，共有したい写真がアルバムとして作成できる有料サービスである。ユーザーは，アルバムごとに公開レベルを設定することができる。特定のユーザーのみに公開することもできる。アルバムごとにコメントをつけることができるため，写真を通じたコミュニケーションが生まれることを目的に提供された[56]。

---

55　『mixi プレスリリース 2005 年 4 月 6 日』。
56　『mixi プレスリリース 2005 年 1 月 27 日』。

これらのサービスをネット・コミュニケーション力と関係付けると，フォトアルバム機能は，リアルとネットと両方でのつながりをサポートするものであり，対応するネット・コミュニケーション力は中間に位置するといえる。一方，日記・コミュニティ情報のキーワード検索機能は，キーワードの探索を通じて，新たなユーザーとのコミュニケーションをもたらす可能性をもつサービスである。

### 6-4-3　2006年のサービスとネット・コミュニケーション力

　2006年には，mixiニュース機能をはじめ，mixiミュージック機能や，名前・性別欄の公開レベル設定機能などが提供された。

　mixiニュース機能は，国内外から，時事やビジネス，IT，エンターテインメントなど厳選されたニュースが毎日配信され，各ニュースについてユーザーが日記を書いたり，あるいはそこで表示される関連コミュニティを確認できるサービスである。そこでは，同じニュースについて書かれた日記も一覧で表示される。mixiは，多くのユーザーがニュースサイトの情報を元に日記を書いていることを知り，ニュース閲覧から日記を書くという一連の流れをサイト上で実現しようとした[57]。

　mixiミュージック機能は，友人にPC用音楽プレーヤーソフトやiPodなどの音楽プレーヤーでの音楽リストや，その再生履歴を公開したり，公開されたリストや楽曲にコメントをつけたりできるサービスである。そこでは，関連性の高いコミュニティが表示される。音楽を通じた，ユーザー同士のより活発な交流を目的に開発された[58]。

　名前・性別欄の公開レベル設定機能は，公開レベルに応じてプロフィールでの名前や性別欄の公開範囲を設定できるサービスである。mixiの笠原健

---

57　『mixiプレスリリース2006年2月8日』。
58　『mixiプレスリリース2006年5月22日』および『mixiプレスリリース2006年12月22日』。開発の背景は，mixiでは，当初から音楽カテゴリーのコミュニティ数の割合が多かったことや，個人のプロフィールにおいても「音楽鑑賞」を趣味にしているユーザーの割合が高かったためである。

治社長は，現実社会に適応した対応であると，次のように説明する。

> 「今回氏名・性別の公開レベルが変更できるようにしたのは，多くの方が利用するサービスとなった『mixi』では，多様化するニーズにお応えするべきであると考えているためです。現実社会をネット上に投影した世界がソーシャルメディアとすれば，現実社会において，満員電車の中やすれ違う人全員が名札をつけていることはありません。ですから公開レベルを選べることは，むしろ現実社会に近くなると考えております。ただし，弊社に寄せられるユーザーの方からは，"小学校の同級生に会えた"，"前の職場の人と再会できた"といった喜びの声が多数寄せられております。名前を全体に公開する以外にも，コミュニティや日記などを通じて，こうした経験を引き続き提供して行くことができればと思っております」[59]。

　これらのサービスをネット・コミュニケーション力と関係付けると，mixiニュース機能や，mixiミュージック機能は，先のフォトアルバム機能と同じ目的のサービスで，リアルとネットと両方でのつながりをサポートするものであり，対応するネット・コミュニケーション力は中間に位置する。

　一方，名前・性別欄の公開レベル設定機能は，より限定されたメンバーでのコミュニケーションへの要望であり，低いネット・コミュニケーション力への対応といえる。

### 6-4-4　2007年のサービスとネット・コミュニケーション力

　2007年には，mixi動画機能をはじめ，日記検索機能や，コミュニティリンク機能，携帯電話のQRコードでの招待機能，キーワードランキング機能，コミュニティへの動画貼り付け機能，そして無料ゲーム機能などが提供された。

---

[59] 『mixiプレスリリース2006年12月18日』。

まず，mixi 動画機能は，動画共有の有料サービスである。携帯電話で撮影した動画のアップロードや，動画アルバムの作成，日記への引用，そしてアップした動画にタグ（キーワード）をつけられる[60]。さらに，キーワードによる検索機能が追加され，動画コンテンツに関連したタグやタイトル，説明文から動画を検索することもできる[61]。

　次に，日記検索機能は，自分や他人が書いた日記をキーワードで検索できる有料サービスである。他のユーザーに対して自分の日記検索の公開，非公開を選択することも可能である[62]。

　コミュニティリンク機能は，コミュニティの管理人が，コミュニティに関連したテーマのコミュニティを「関連コミュニティ」として登録できるサービスである。この機能追加により，関連したコミュニティ同士につながりをもたせることができ，ユーザーは興味のあるコミュニティを見つけやすくなった[63]。

　携帯電話の QR コードでの招待機能は，登録ユーザーの携帯電話の QR コードを，その場で友人が読み取ることで，友人を簡単に招待できるサービスである[64]。

　キーワードランキング機能は，日記に記された「キーワード（名詞）」の上位 30 位を，毎日ランキング表示するサービスである。ユーザーは，キーワードをクリックすることで，そのキーワードを含んだ日記を見たり，書いたりすることができる[65]。

　コミュニティへの動画貼り付け機能は，動画一覧にアップロードした動画を，コミュニティ内のトピックやイベント，アンケートなどに貼り付けることができるサービスである[66]。

---

60　『mixi プレスリリース 2007 年 1 月 30 日』。
61　『mixi プレスリリース 2007 年 3 月 30 日』。
62　『mixi プレスリリース 2007 年 4 月 2 日』。
63　『mixi プレスリリース 2007 年 4 月 5 日』。
64　『mixi プレスリリース 2007 年 4 月 25 日』。
65　『mixi プレスリリース 2007 年 4 月 26 日』。
66　『mixi プレスリリース 2007 年 6 月 6 日』。

無料ゲーム機能は，携帯版ゲーム「ピコピコ mixi」を無料で遊べるサービスである。マイミク同士でのランキング機能や，スコアを日記に貼り付けることも可能である[67]。

　これらのサービスをネット・コミュニケーション力と関係付けると，mixi 動画機能は，先の写真・ニュース・音楽機能と同じ目的のサービスで，リアルとネットと両方でのつながりをサポートするものであり，対応するネット・コミュニケーション力は中間に位置する。

　次に，日記検索機能における自らの日記検索の公開・非公開を選択できるサービスは，より限定されたコミュニケーションとなり，低いネット・コミュニケーション力への対応といえる。無料ゲームコンテンツ機能も，限定された友人とのコミュニケーションを補強する。さらに，携帯電話の QR コードでの招待機能は，対面でのユーザーの招待であり，リアルのコミュニケーションを補強する。

　一方，コミュニティリンク機能やキーワードランキング機能，コミュニティへの動画貼り付け機能は，新たなコミュニティへの参加を誘発し，新たなユーザーとのコミュニケーションをもたらす可能性をもつ。

### 6-4-5　2008 年のサービスとネット・コミュニケーション力

　2008 年には，コミュニティブラウザ機能や，無料ゲームの対戦機能をはじめ，公認アカウント機能や，「あなたの友人かも？」機能などが提供された。

　コミュニティブラウザ機能は，mixi の 180 万以上（2008 年 1 月時点）のコミュニティを分析することで，関係性の高いコミュニティを閲覧できるようにしたサービスである。ユーザーが指定したコミュニティに関連した最大 20 個のコミュニティが一覧で表示される。さらに，コミュニティの名前とロゴ画像に加えて，コミュニティ同士の関連性の強さも提示される[68]。

---

67　『mixi プレスリリース 2007 年 12 月 20 日』。
68　『mixi プレスリリース 2008 年 1 月 28 日』および『mixi プレスリリース 2008 年 4 月 10 日』。

無料ゲームの対戦機能は，先にみた「ピコピコ mixi」において，ユーザーが作成したゲームデータを他ユーザーが取得し，対戦できるサービスである。リアルタイム通信ではなく，データをもとに対戦するものであった[69]。

　公認アカウント機能は，mixi においてタレント・アーティストなどの有名人がアカウントをもち，ファンと有名人だけでなく，ファン同士が交流できるサービスである[70]。

　「あなたの友人かも？」機能は，友人の友人（マイミクのマイミク）の中から，知り合いの可能性が高いユーザーが表示されるサービスである。共通のマイミクも表示することで，該当のユーザーが誰であるかを推測しやすくする。これまで mixi で友人であることに気付けなかったユーザーを見つけやすくする[71]。

　これらをネット・コミュニケーション力と関係付けると，「あなたの友人かも？」機能は，リアルのコミュニケーションを補強する。無料ゲームの対戦ゲーム機能も，友人との関係をサポートするものである。一方，公認アカウント機能での有名人のつながりは，有名人とのコミュニケーションもあるが，新たなユーザーであるファンとのコミュニケーションがはじまる可能性をもつ。さらには，コミュニティブラウザ機能は，新たなコミュニティへの参加や，そして新たなユーザーとのコミュニケーションを誘発する。

## 6-4-6　2009 年のサービスとネット・コミュニケーション力

　2009 年には，足あと機能の改善をはじめ，my キーワード機能，mixi アプリ機能，仲良しマイミク機能，そして mixi 同級生などが提供された。

　足あと機能改善は，これまで足あとページではわからなかった「マイミクのマイミク」についても，アイコンが表示されるようになったことと，自分が訪問した先の「自分の足あと」が表示されるように改善されたサービスで

---

69　『mixi プレスリリース 2008 年 3 月 17 日』。
70　『mixi プレスリリース 2008 年 7 月 28 日』。
71　『mixi プレスリリース 2008 年 8 月 25 日』。

ある。なお，意図せずユーザーのページへ訪問してしまったときのために，相手の足あとページから自分の足あとを削除できる機能も追加された[72]。

my キーワード機能は，ユーザーが独自のキーワードを設定できるサービスである。ユーザーは，友人から直接聞いた「my キーワード」を入力することで，簡単に友人のページを探索できる。なお，これは高校のクラスメートをつながりやすくするために，高校生限定で提供された[73]。

mixi アプリは，ソーシャルゲームのアプリケーションであり，利用したいアプリケーションを自由に選んでマイミクと一緒に，ゲームや便利ツールなどを通じたコミュニケーションを楽しむことができる新しいサービスである[74]。なお，アプリにはコミュニケーション活動を前提とする「ソーシャルゲーム」と，コミュニケーション活動を前提としない「カジュアルゲーム」がある。mixi によると，カジュアルゲームは導入後すぐに売上が上がるが，短期間で利用が減る傾向にあるという。一方，ソーシャル性の高いゲームは寿命が長く，長期にわたり利用される傾向にあるという[75]。

仲良しマイミク機能は，マイミクの中でも，特に気の置けない友人のみを選び，「仲良しマイミク」として設定することができるサービスである。日記を公開する際に「仲良しマイミク」を選ぶことで，日記を共有したいユーザーに限定して，日記を書くことができる[76]。

mixi 同級生は，母校や在籍中の学校を登録することで，同じ学校の同級生・先輩・後輩など，学校つながりの友人を，mixi でみつけやすくする機能である[77]。

これらのサービスをネット・コミュニケーション力と関係付けると，my キーワード機能や，仲良しマイミク，mixi 同級生の機能は，リアルのコ

---

72　『mixi プレスリリース 2009 年 1 月 5 日』。
73　『mixi プレスリリース 2009 年 4 月 9 日』。
74　『mixi プレスリリース 2009 年 8 月 24 日』。
75　『ミクシィ 2010 年度第 3 四半期決算説明資料』。
76　『mixi プレスリリース 2009 年 9 月 7 日』。
77　『mixi プレスリリース 2009 年 11 月 26 日』。

ミュニケーションを補強するものである。足あと機能改善での友人の友人の表示は、友人経由のつながりをしやすくする。一方、足あと機能改善における自らの足あとの削除機能は、新たな情報を求めて訪問しつつも、相手からのコミュニケーションを求めていないので、ネット・コミュニケーション力は高いとはいえない。mixi アプリでのゲームでのつながりも、マイミクとのつながりを補強するもので、同じく高いネット・コミュニケーション力を求めるものではない。

### 6-4-7　2010年のサービスとネット・コミュニケーション力

2010年には、my キーワード機能や、mixi 同僚ネットワークの機能などが提供された。mixi キーワード機能は、すでにみたサービスで、高校生だけでなく、全体に向けて公開された。これにより、実際の友人同士が mixi でみつけやすくなり、コミュニケーションを楽しめるようになった[78]。

mixi 同僚ネットワークは、会社の同期や飲み友達、ランチ仲間、サークルメンバーなど、現在勤務している会社の友人と mixi でつながりやすくするサービスである[79]。

これらのサービスをネット・コミュニケーション力と関係付けると、my キーワードや、mixi 同僚ネットワークの機能は、リアルのコミュニケーションを補強するものであり、対応するネット・コミュニケーション力は低い。

### 6-4-8　サービスとネット・コミュニケーション力のまとめ

mixi のサービスの歴史的変遷と、ネット・コミュニケーション力の水準との関係を整理すると、図表6-6のようになる。その特徴としては、次の2点が挙げられる。

ひとつめの特徴としては、幅広いネット・コミュニケーション力と関係す

---

78 『mixi プレスリリース 2010年1月20日』。
79 『mixi プレスリリース 2010年6月28日』。

**図表6-6 ネット・コミュニケーション力とサービスの変遷**

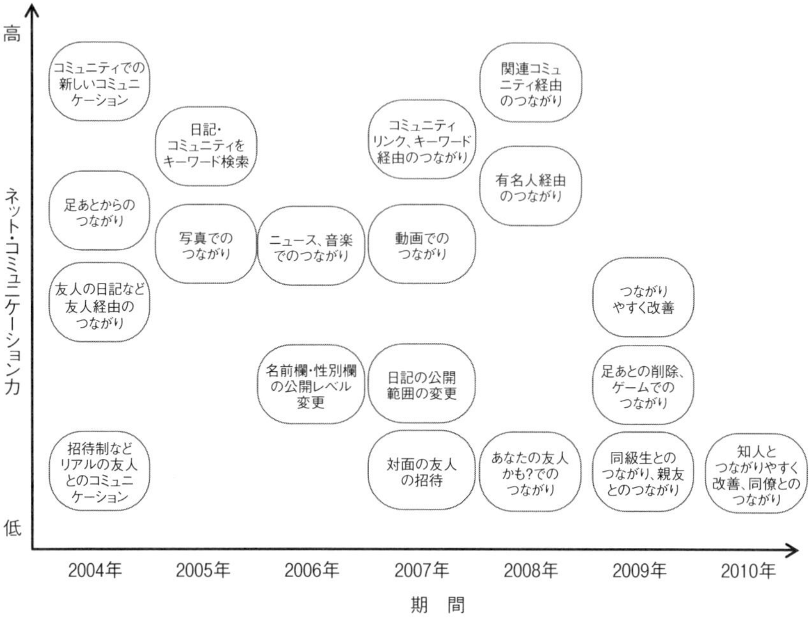

縦軸：ネット・コミュニケーション力（低～高）、横軸：期間（2004年～2010年）

- 2004年：コミュニティでの新しいコミュニケーション／足あとからのつながり／友人の日記など友人経由のつながり／招待制などリアルの友人とのコミュニケーション
- 2005年：日記・コミュニティをキーワード検索／写真でのつながり
- 2006年：ニュース、音楽でのつながり／名前欄・性別欄の公開レベル変更
- 2007年：コミュニティリンク、キーワード経由のつながり／動画でのつながり／日記の公開範囲の変更／対面の友人の招待
- 2008年：関連コミュニティ経由のつながり／有名人経由のつながり／あなたの友人かも？でのつながり
- 2009年：つながりやすく改善／足あとの削除、ゲームでのつながり／同級生とのつながりやすく改善、親友とのつながり
- 2010年：知人とつながりやすく改善、同僚とのつながり

（出所：著者作成）

るサービスが見られるという点である。同僚や同級生などリアルの友人，あるいはその友人の友人というネット・コミュニケーション力を要求しないサービスから，コミュニティや写真，ニュース，音楽，動画，有名人経由での新しい知り合いと交流するという，高いネット・コミュニケーション力を要求するサービスまで，幅広いネット・コミュニケーション力に対応したサービスが展開されている。

　もうひとつの特徴としては，近年，低いネット・コミュニケーション力に対応したサービスの拡大という傾向がみられる点である。幅広いネット・コミュニケーション力に対応したサービスが展開されつつも，近年の展開では，対面の友人や，同級生，同僚とつながりやすくしたり，リアル友人の可能性が高いユーザーが表示されたり（「あなたの友人かも?」）と，よりリアルの

コミュニケーションを補強するサービスに中心が移っている。とりわけ，mixi の代表機能である足あと機能を削除できるようにするという変更が，象徴的である。情報を求めて閲覧しつつも，足あとを削除するということは相手からのコミュニケーションを求めていないからである。

## 6-5　ネット操作力

続いて，ネット操作力に関係する mixi のサービスの変遷について，年代を追って順に確認をする。その上で，サービスとネット操作力との変遷を図に整理する。

### 6-5-1　2004年のサービスとネット操作力

創業の 2004 年には，すでにネット・コミュニケーション力との関係でもみた mixi 日記機能に加えて，外部ブログ・日記との連携機能や，プロフィール・日記の画像アップ機能，そして携帯電話版の「mixi モバイル」が提供された。

外部ブログ・日記との連携機能は，mixi が RSS のフィードを表示できるため，すでに他のサイトでブログや日記を公開しているユーザーは，そのブログや日記を mixi 上でそのまま公開できるサービスである[80]。

プロフィール・日記の画像アップ機能は，プロフィールで自らの写真や，日記に関係した写真をそれぞれ 3 枚まで掲載できる機能である。

mixi モバイルは，携帯電話だけで mixi のサービスを利用できるサービスである。ただし，mixi モバイルのサービスの使用に際しては，PC 上で携帯メールアドレスを入力することが必要である。なお，登録後は，携帯電話だけで mixi を楽しめる[81]。

これらのサービスをネット操作力と関係付けると，基本となる mixi 日記の作成や画像アップ，携帯電話でのネット操作，そして PC との連携操作は，

---

80　『mixi プレスリリース 2004 年 3 月 3 日』。
81　『mixi プレスリリース 2004 年 9 月 16 日』。

基本的なネット操作力で対応できたといえる。さらに，外部ブログ・日記との連携は，そもそもブログ・日記を自ら開設していて，かつ，その連携ができるという，高い操作リテラシーが必要であった。

### 6-5-2　2005 年のサービスとネット操作力

　2005 年には，すでにネット・コミュニケーション力との関係でもみた日記・コミュニティのキーワード情報検索機能に加えて，アンケート作成や，簡単日記タグ機能などが提供された。

　アンケート作成は，ユーザーが参加コミュニティ上で簡単にアンケートを実施できる有料サービスである。その集計結果はグラフで表示され，途中経過も閲覧できる[82]。

　簡単日記タグ機能は，ユーザーが簡単にテキストを太字や異なる色に装飾できる有料サービスである。文章の途中での写真をレイアウトすることも可能である[83]。

　これらのサービスをネット操作力と関係付けると，日記・コミュニティ情報のキーワード検索機能や，簡易日記タグでの文字装飾は，基本的な日記作成の操作に比べて高いリテラシーが必要であった。さらに，アンケート作成機能はインターネット情報を活用するという，より高いネット操作力が必要であったといえる。

### 6-5-3　2006 年のサービスとネット操作力

　2006 年には，携帯電話の簡易アクセス機能をはじめ，メッセージ検索機能や，外部機器との連携機能などが提供された。

　携帯電話の簡易アクセス機能は，携帯電話でアクセスしやすくするために，au の公式サイトに掲載された。これにより，アクセス時の検索などの操作が不要となった[84]。

---

　82　『mixi プレスリリース 2005 年 1 月 27 日』。
　83　『mixi プレスリリース 2005 年 1 月 27 日』。

メッセージ検索機能は，ユーザー間のメッセージの検索が可能なサービスである。その検索対象は，メッセージの題名や，本文，差出人，宛先であった[85]。

外部機器との連携機能は，すでにみた「mixi ミュージック」と，PC 用音楽プレーヤーソフトや iPod などの音楽プレーヤーとの連携である。そのためには，専用ソフトウェア「mixi station」を PC にインストールして利用する必要があった[86]。

これらのサービスをネット操作力と関係付けると，携帯での公式ページでの掲載は，より簡易にアクセスできるようにするためであり，低い操作リテラシーへの対応であったといえる。メッセージ情報の検索は，基本的な日記作成の操作に比べて，やや高いリテラシーが必要であった。さらに，外部機器との連携された機能は，操作やソフトのインストールなどの準備が必要であり，より高いリテラシーが必要であったといえる。

### 6-5-4 2007 年のサービスとネット操作力

2007 年には，すでにネット・コミュニケーション力との関係でもみた mixi 動画機能や日記検索機能，コミュニティリンク機能，キーワードランキング機能，QR コードによる招待機能，無料ゲーム機能に加えて，mixi コレクション機能や，外部サイト連携，コミュニティの動画貼り付け機能が提供された。

mixi コレクション機能は，携帯電話対応の自分のトップページや，友人から見ることのできるプロフィール・日記・写真・動画などのページデザインを変更することができるサービスである。さらに，他のユーザーも，訪問

---

84 『mixi プレスリリース 2006 年 12 月 21 日』。なお，ドコモの公式サイトでの掲載は 2007 年 2 月（『mixi プレスリリース 2007 年 2 月 5 日』），ソフトバンクの公式サイトでの掲載は 2007 年 8 月であった（『mixi プレスリリース 2007 年 8 月 15 日』）。
85 『mixi プレスリリース 2006 年 12 月 1 日』。
86 『mixi プレスリリース 2006 年 5 月 22 日』および『mixi プレスリリース 2006 年 12 月 22 日』。

先のデザインに変更することが可能であった[87]。

　外部サイト連携は，YouTube や Google マップと連携するサービスである。YouTube の動画の下の mixi ボタンをクリックすると，mixi の日記作成画面が表示され，動画がリンクされ再生・閲覧できた。逆に，mixi の日記ページにある YouTube ボタンをクリックすると，YouTube 動画へのリンクタグが日記本文に挿入された[88]。一方，Google マップとの連携機能は，グーグルマップの地図を日記に貼り付けることが可能となるサービスであった[89]。

　これらのサービスをネット操作力と関係付けると，mixi コレクション機能は，携帯画面のデザイン変更という簡易な操作であり，ネット操作力はあまり必要としない。キーワードランキング機能は，自動的に表示されるものであり，先にみたメッセージ情報の検索機能に比べると，対応するネット操作力は低い。一方，QR コードによる招待機能をはじめ，mixi 動画機能や，外部サイト連携，ゲーム機能，日記検索機能，コミュニティリンク機能，コミュニティの動画貼り付け機能は，特定の操作のスキルが求められ，より高いネット操作力が必要であったといえる。

### 6-5-5　2008 年のサービスとネット操作力

　2008 年には，すでにネット・コミュニケーション力との関係でもみたコミュニティブラウザ機能に加えて，携帯での簡易操作機能をはじめ，mixi ウィジェット機能や，写真デコレーション機能が提供された。

　携帯での簡易操作機能は，携帯電話本機に「mixi モバイル」へ簡単にアクセスできる機能を搭載するサービスである。それは，ソニー・エリクソン・モバイルコミュニケーションズのドコモや au 対応，ノキアのソフトバンク対応携帯電話に，標準機能として搭載された[90]。

---

87　『mixi プレスリリース 2007 年 10 月 11 日』。
88　『mixi プレスリリース 2007 年 8 月 2 日』。
89　『mixi プレスリリース 2007 年 12 月 17 日』。
90　『mixi プレスリリース 2008 年 2 月 15 日』。

mixi ウィジェット機能は，携帯端末および情報家電などに mixi ウィジェットをダウンロードすることで，新着メッセージや新着コメントの有無の確認，日記の投稿を簡単に行えるサービスである。なお，ウィジェットとは「ニュースや天気予報，ショッピングなどのウェブサイトにワンタッチでアクセスしたり，ウェブの最新情報を時度取得して表示できるアプリケーションの総称」のことである[91]。

写真デコレーション機能は，撮影した画像や携帯電話に保存されている画像に，スタンプやフレーム・美白効果などのデコレーションを加えることや，それらを簡単にフォトアルバムにアップできるサービスである[92]。

これらのサービスをネット操作力と関係付けると，携帯での簡易な操作機能は，文字通り簡易な操作であり，新たなネット操作力は必要としない。コミュニティブラウザ機能や，mixi ウィジェット機能，写真デコレーション機能は，特定の操作のスキルが求められ，より高いネット操作力が必要であったといえる。

### 6-5-6　2009 年のサービスとネット操作力

2009 年には，すでにネット・コミュニケーション力との関係でもみた mixi アプリ機能に加えて，外部機器・サイトとの連携機能や，アプリ開発機能などが提供された。

外部機器・サイトとの連携機能は，mixi のアルバムに画像をアップするために，外部の機器やサイトと連携するサービスである。外部機器は，ソニーのデジタルカメラや[93]，無線 LAN 内蔵 SD 型カードであり[94]，サイトはソニーの無料 Web サービスとの連携である[95]。

アプリ開発は，個人や企業に mixi アプリを開発してもらうサービスであ

---

91　『mixi プレスリリース 2008 年 10 月 16 日』。
92　『mixi プレスリリース 2008 年 1 月 10 日』。
93　『mixi プレスリリース 2009 年 1 月 9 日』。
94　『mixi プレスリリース 2009 年 4 月 21 日』。
95　『mixi プレスリリース 2009 年 7 月 30 日』。

る。mixi のソーシャルグラフ（人と人とのつながり）を利用して，mixi 内に独自のアプリケーションを開発し，ユーザーに向けて提供する機能である。それは，「ソーシャルアプリケーション アワード」として，参加募集が行われた。なお，グランプリの賞金は，100 万円であった[96]。「サンシャイン牧場」がグランプリに決定した[97]。

　これらのサービスをネット操作力と関係付けると，外部機器・サイトとの連携機能は，特定の高い操作のスキルが求められ，そしてアプリの操作は，より高度なネット操作力が必要であったといえる。さらにアプリ開発は，より専門性の高いネット操作力をもつユーザーへの対応といえる。

### 6-5-7　2010 年のサービスとネット操作力

　2010 年には，PC 版 mixi コレクション機能をはじめ，スマートフォン版の mixi である「mixi Touch」や，外部機器・サービスとの連携機能が提供された。PC 版 mixi コレクション機能は，すでに携帯電話で提供されていた機能で，自分のトップページやプロフィールページのデザインが変更可能になるサービスである[98]。mixi Touch は，iPhone をはじめとしたスマートフォンで，指先でタッチして mixi を操作できるサービスである[99]。

　外部機器・サービスとの連携機能は，ふたつのサービスが提供された。ひとつは，バンダイナムコゲームスのシールプリント機で撮影した画像を「mixi フォト」でマイミクと共有するサービスであり[100]，もうひとつは Google のフリーメール「Gmail」のアドレス帳を読み込み，友人を mixi に招待しマイミクシィリクエスト（友人登録）を行えるサービスである[101]。

　これらのサービスをネット操作力と関係付けると，mixi コレクション機

---

96　『mixi プレスリリース 2009 年 7 月 1 日』。
97　『mixi プレスリリース 2009 年 11 月 10 日』。
98　『mixi プレスリリース 2010 年 1 月 6 日』。
99　『mixi プレスリリース 2010 年 5 月 31 日』。
100　『mixi プレスリリース 2010 年 2 月 9 日』。
101　『mixi プレスリリース 2010 年 4 月 15 日』。

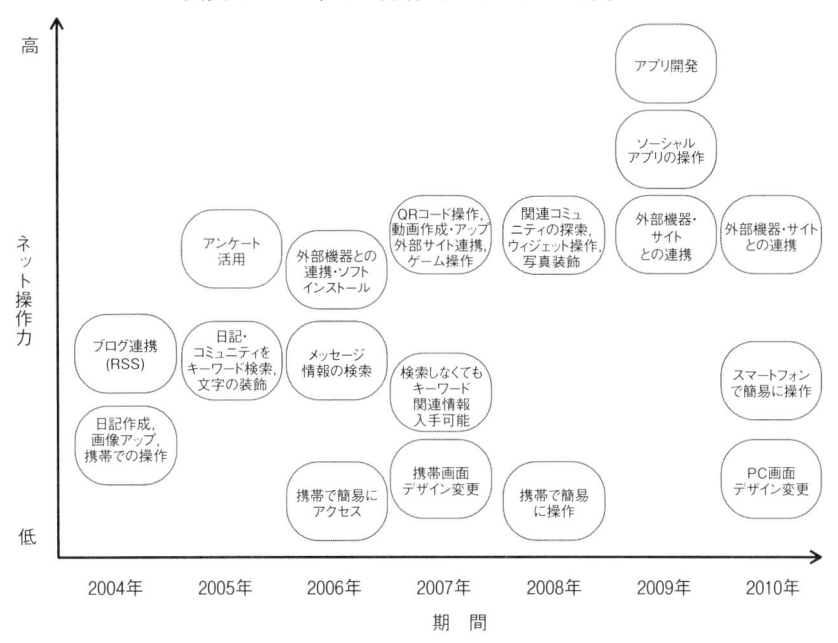

## 図表6-7　ネット操作力とサービスの変遷

縦軸：ネット操作力（低→高）
横軸：期間（2004年～2010年）

- 2004年：ブログ連携（RSS）／日記作成，画像アップ，携帯での操作
- 2005年：アンケート活用／日記・コミュニティをキーワード検索，文字の装飾
- 2006年：外部機器との連携・ソフトインストール／メッセージ情報の検索／携帯で簡易にアクセス
- 2007年：QRコード操作，動画作成・アップ，外部サイト連携，ゲーム操作／検索しなくてもキーワード関連情報入手可能／携帯画面デザイン変更
- 2008年：関連コミュニティの探索，ウィジェット操作，写真装飾／携帯で簡易に操作
- 2009年：ソーシャルアプリの操作／外部機器・サイトとの連携
- 2010年：アプリ開発／外部機器・サイトとの連携／スマートフォンで簡易に操作／PC画面デザイン変更

（出所：著者作成）

能における PC 画面デザイン変更は，基本的な操作リテラシーで対応できるといえる。スマートフォン版の mixi の利用は，新たな対応なので，それより少し高い操作リテラシーが望まれる。さらに，外部機器・サービスとの連携機能は，特定の高い操作スキルが求められる。

### 6-5-8　サービスとネット操作力のまとめ

　mixi のサービスの歴史的変遷と，ネット操作力との関係を整理すると，図表6-7のようになる。その特徴としては，次の2点が挙げられる。
　ひとつめの特徴としては，高いネット操作力を要求するサービスが展開される傾向にあるという点である。初期の日記を中心とした基本的なサービスや，読み・書きという基本的なネット操作力で充分に対応できたサービスに

対して，段階的にではあるが，外部機器やサイトとの連携や，各種アプリの操作，さらにはそのアプリ開発という，より高度なネット操作力が必要とされるサービスへと高度化している。とりわけアプリ開発では，より専門性の高いネット操作力が要求される。

　もうひとつの特徴としては，高いネット操作力を要求するサービスの展開と同時に，ネット操作力をあまり要求しない簡易サービスも展開されているという点である。携帯電話やスマートフォンで簡易にアクセスや操作ができたり，簡単に携帯やPC画面の変更ができたりと，簡易なネット操作力で対応できるサービスも見られた。このように，多様な水準のネット操作力に対応したサービスが展開されてきている。

## 6-6　ネット懐疑志向

　最後に，ネット懐疑志向に関係するmixiのサービスの変遷について，年代を追って順に確認をする。その上で，サービスとネット懐疑志向との変遷を図に整理する。

### 6-6-1　2004年のサービスとネット懐疑志向

　創業の2004年には，すでにふたつのリテラシーとの関係でもみた招待制をはじめ，プロフィール機能，おすすめレビュー機能が提供された。

　これらのサービスをネット懐疑志向と関係付けると，招待制を通してつながるのはリアルの友人であり，その友人からの情報に対しては，ネット懐疑志向をあまり必要としない。その友人からつながる，友人の友人からの情報については，友人と比べるとやや高いネット懐疑志向を必要とするだろう。さらに，コミュニティでのおすすめなどの情報は，高いネット懐疑志向を必要とする。ただし，mixiでは，情報を発信しているユーザーのプロフィールや日記などから，その情報の信頼性を検討するために，ある程度の情報は提供されている。

## 6-6-2 2006年のサービスとネット懐疑志向

 2005年には，関連するサービスの提供がないため，次の2006年を確認する。2006年には，すでにネット・コミュニケーション力との関係でみた名前・性別欄の公開レベル設定機能が提供された。これは，名前・性別欄が表示されないユーザーが増えることを意味する。

 このサービスをネット懐疑志向と関係付けると，名前・性別欄の公開レベル設定機能は，ユーザーのプロフィールを特定できないユーザーからの情報が増加することになり，より高いネット懐疑志向を必要するといえる。

## 6-6-3 2007年のサービスとネット懐疑志向

 2007年には，携帯電話による認証をはじめ，バイラル動画広告や，ユーザーによるmixi動画でのプロモーション，ユーザーによる演劇のプロモーション，モバイル検索連動型広告，そしてコンテンツ連動型広告などが提供された。

 携帯電話による認証は，個人を特定しにくいフリーメールを登録しているユーザーに，携帯電話による認証を確認するものである。ユーザーにとって，迷惑行為等の被害を最小限にし，安心・安全なコミュニティにするために実施された[102]。

 バイラル動画広告は，広告主が提供した動画を，ユーザーが日記へ引用し，さらにその日記を見た友人が同じように動画を日記に引用することを促すサービスである。広告主は，動画の再生回数や，日記への引用数等を確認し，バイラルの展開を把握できる[103]。

 ユーザーによるmixi動画でのプロモーションは，ユーザーがプロモーション広告のmixi動画を投稿し，投稿動画がマイミクに伝播することを促すものである。日記やコミュニティなどを通じて，ユーザーからの口コミが広がり，話題性や認知度の向上などプロモーション効果が期待される。映画

---

102 『mixiプレスリリース2007年3月27日』。
103 『mixiプレスリリース2007年9月4日』。

のプロモーションから開始された[104]。

　ユーザーによる演劇のプロモーションは，ユーザーが，シルク・ドゥ・ソレイユのキャンペーン・リーダーとマイミクになることでサポーターとなり，アカウントに認定エンブレムが表示され，自然と販促を行うことになるものである[105]。

　モバイル検索連動型広告は，mixi モバイルにおいて，Google の「モバイル検索向け AdSense」による，ユーザーに向けた広告表示である。ユーザーがキーワード検索を行う際，入力された検索ワードに基づき，検索結果ページに関連性の高い広告が表示される[106]。

　コンテンツ連動型広告は，コミュニティ関連ページに，カテゴリーやユーザー属性でセグメントした情報に関連性の高い広告が掲載される機能である[107]。

　これらをネット懐疑志向と関係付けると，携帯電話による認証は，情報の信頼性をあげるものであり，ネット懐疑志向が高くなくても対応できる。一方，バイラル動画広告をはじめ，ユーザーによる mixi 動画でのプロモーション広告や，ユーザーによる演劇のプロモーション，モバイル検索連動型広告，コンテンツ連動型広告は，広告とユーザーからの情報を混在させるものであり，高いネット懐疑志向を要求する。

### 6-6-4　2008 年のサービスとネット懐疑志向

　2008 年には，企業とのタイアップ広告などが提供された。企業とのタイアップ広告は，タワーレコードが mixi 公認コミュニティを設置し，音楽ファンの交流の場を提供しつつも，同社のブランドプロモーションを行うものである[108]。

---

104　『mixi プレスリリース 2007 年 11 月 21 日』。
105　『mixi プレスリリース 2007 年 11 月 30 日』。
106　『mixi プレスリリース 2007 年 12 月 4 日』。
107　『mixi プレスリリース 2007 年 12 月 20 日』。
108　『mixi プレスリリース 2008 年 7 月 1 日』。

こうした企業とのタイアップ広告をネット懐疑志向と関係付けると、先のバイラル動画広告と同様、広告とユーザー情報を混在させるものであり、高いネット懐疑志向を必要とする。

### 6-6-5 2009年のサービスとネット懐疑志向

2009年には、すでにネット・コミュニケーション力との関係でもみたmixi同級生や仲良しマイミクに加えて、青少年保護のためのゾーニングの強化が行われた。

青少年保護のためのゾーニングの強化は、携帯電話事業者のフィルタリングサービスを活用したユーザー確認であり、コミュニティを安心安全にしていくものである。mixiは、18歳未満のユーザーに向けて、これまでに実施してきたサポートや、パトロール、書込み違反チェックなどのセキュリティシステム、新規登録時の携帯電話端末認証、各種啓発活動の実施などに加えて、コミュニティの利用制限や、友人検索の利用制限、青少年にふさわしくない一部のレビューや広告の非表示を行う[109]。

これらのサービスをネット懐疑志向と関係付けると、mixi同級生や仲良しマイミクからの情報は、リアルの友人からの情報であり、ネット懐疑志向をあまり必要としない。青少年保護のためのゾーニングの強化は、高いネット懐疑志向が必要であった情報に対し、情報の安全性を増し、低いネット懐疑志向に対応するものである。

### 6-6-6 2010年のサービスとネット懐疑志向

2010年には、すでにネット・コミュニケーション力との関係でもみたmixi同僚ネットワークに加えて、招待制の廃止が行われた。招待制の廃止は、招待状が無いユーザーの登録を可能とするものである。ただし、mixiは、1人ではなく友人・知人とつながった上で利用するサービスのため、マイミクが0人の状態が一定期間続くと、利用できなくなる仕様は継続された。

---

109 『mixiプレスリリース2009年6月1日』。

## 図表6-8 ネット懐疑志向とサービスの変遷

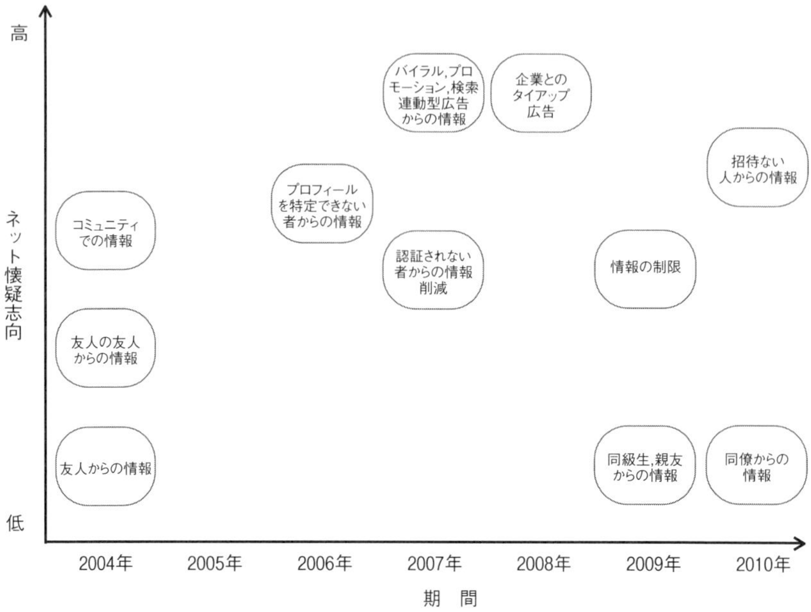

（縦軸：ネット懐疑志向　高←→低、横軸：期間 2004年～2010年）

- コミュニティでの情報（2004年付近、高め）
- 友人の友人からの情報（2004年付近、中）
- 友人からの情報（2004年付近、低）
- プロフィールを特定できない者からの情報（2006年付近、高め）
- バイラル,プロモーション,検索連動型広告からの情報（2007年付近、高）
- 認証されない者からの情報削減（2007年付近、中）
- 企業とのタイアップ広告（2008年付近、高）
- 情報の制限（2009年付近、中）
- 同級生,親友からの情報（2009年付近、低）
- 招待ない人からの情報（2010年付近、高）
- 同僚からの情報（2010年付近、低）

（出所：著者作成）

さらに，1人が複数のアカウントをもつことを防ぐため，ユーザー登録時における携帯電話認証も引き続き実施された[110]。

　これらのサービスをネット懐疑志向と関係付けると，mixi同僚ネットワークからの情報は，リアルの友人からの情報であり，ネット懐疑志向をあまり必要としない。一方，招待制の廃止は，すでに多くのユーザーが登録していて実質無意味であったかもしれないが，高いネット懐疑志向を必要とする方向に作用しているといえる。

### 6-6-7　サービスとネット懐疑志向のまとめ

　mixiのサービスの歴史的変遷と，ネット懐疑志向との関係を整理すると，

---

110　『mixiプレスリリース2010年3月1日』。

図表6-8のようになる。その特徴としては，次の2点が挙げられる。

　ひとつめの特徴としては，高いネット懐疑志向を必要とするサービスが，意図せず展開されているという点である。バイラル動画広告をはじめ，ユーザーによるmixi動画でのプロモーション広告や，ユーザーによる演劇のプロモーション，モバイル検索連動型広告，コンテンツ連動型広告という多様な広告の展開は，ユーザーからの情報と広告の区別を曖昧にし，高いネット懐疑志向を必要とする傾向にある。さらに，名前・性別欄の公開レベル設定機能も，ユーザーのプロフィールを特定できないユーザーからの情報となり，同じく高いネット懐疑志向を必要とする。

　もうひとつの特徴としては，ネット懐疑志向をあまり必要としないサービスも展開されているという点である。知人や，同級生，親友，同僚などリアルの知人からの情報を入手しやすくしている。こうしたサービスは，ネット懐疑志向を必要としないものの，不特定の見知らぬ人からの情報ではなく，より信頼のおける知人からの情報を入手しやすくしたサービスであり，高いネット懐疑志向をもつユーザーに対応したものともいえる。このように，多様な水準のネット懐疑志向に関係したサービスが存在している。

## 6-7　まとめ

　本章では，mixiのサービスの利用と，ユーザーのネット・リテラシーとの相互依存的関係について，歴史的な事例分析を通して実証することが目的であった。はじめに，mixiのビジネスの概要を把握し，mixiは利用者を順調に伸ばし，かつビジネスとしても成功しているサイトであるということを確認した。その上で，mixiのサービスの変遷とネット・リテラシーとの全体像を確認し，サービスと3つのネット・リテラシーとの関連をそれぞれ分析してきた。

　本章のまとめとして，発見事項を整理すると，大きくは次の2点が挙げられる。ひとつには，第1の研究課題であるmixiのサービスの利用と，ユーザーのネット・リテラシーとの相互依存的関係を例証できたことである。総

じていえば，3つのネット・リテラシーとも，多様な水準のネット・リテラシーと，それぞれに関連するサービスとの相互依存関係が見られた。とりわけ，ネット操作力とネット懐疑志向については，歴史的変遷の中で，より高度なリテラシーと，それに関連するサービスが見られた。ただし，ネット懐疑志向は，意図せず高いリテラシーを要求するサービスを展開してきている可能性があることは留意する必要がある。その一方，ネット・コミュニケーション力については，近年，低いリテラシーに対応したサービスが見られた。

　もうひとつは，第2の研究課題である3つのネット・リテラシー概念についての妥当性を傍証できたことである。mixiから7年間に公開されたサービスのほとんどすべてが，これら3つのネット・リテラシーのいずれかに関係していた。さらにいえば，ひとつのサービスが複数のネット・リテラシーと関係していたことは留意する必要がある。この発見は，後述する国際調査の仮説に関連する（第10章）。

# 第 7 章
# サイト離脱・継続者のネット・リテラシー比較調査

本章では，第 2 の研究課題であるネット・リテラシー概念の尺度開発をした上で，第 3 の研究課題であるサイト離脱者と継続者とのネット・リテラシーの比較に関する 3 つの仮説を実証する。さらに，次章では同様の研究方法を基本としながらネット・リテラシーとサイト利用頻度との関係を実証するため，両章に共通する研究方法については，本章で説明する。

## 7-1　研究方法

研究方法としては，ネット利用者を対象とした質問票調査を行った。楽天リサーチ株式会社に調査を依頼し，2011 年 1 月 25 日（火）から 1 月 27 日（木）まで実施した。人口動態で割り付けた 1 万サンプルに質問票を配信し，mixi の利用登録をしたことがあると回答した 3073 のうち 1000 サンプルを回収し，分析対象とした。mixi の利用を中止した，あるいはほとんど利用していないと回答した離脱者が 212 サンプル，継続者が 788 サンプルであり，

図表 7-1　離脱者と継続者のサンプル特性

| 年齢 | 離脱者 | | | 継続者 | | |
|---|---|---|---|---|---|---|
| | 男性 | 女性 | 計 | 男性 | 女性 | 計 |
| 15～24 歳 | 37 | 36 | 73 | 131 | 191 | 322 |
| 25～34 歳 | 25 | 26 | 51 | 115 | 118 | 233 |
| 35～44 歳 | 20 | 22 | 42 | 54 | 72 | 126 |
| 45～54 歳 | 12 | 10 | 22 | 33 | 34 | 67 |
| 55～64 歳 | 4 | 12 | 16 | 5 | 17 | 22 |
| 65 歳以上 | 2 | 6 | 8 | 11 | 7 | 18 |
| 計 | 100 | 112 | 212 | 349 | 439 | 788 |

（出所：著者作成）

そのサンプル特性は図表7-1のようになる。

## 7-2　尺度

では，質問票で使用する尺度に関して説明する。まずネット操作力に関しては，Novak, Hoffman and Yung（2000）から引用した3つの項目を採用し，それに加えて，デプスインタビューを基に作成した複数の項目を採用した。次に，ネット・コミュニケーション力に関しては，同様にデプスインタビューを基に作成した項目を採用した。さらに，ネット懐疑志向に関しては，Thankor and Goneaul-Lessard（2009）の健康広告に対する懐疑的な態度に関する項目を，インターネット上の情報に対するリテラシー，すなわちネット懐疑志向として置き換えるよう修正した。それぞれのステートメントに対しては，リッカート7点尺度を用いて測定した。

なお，デプスインタビューから尺度を開発したもの以外に関しては，欧米の先行研究から採用しているが，その翻訳に関しても細心の注意を払っている。すなわち，ただ単純に欧米文献から翻訳するというのではなく，質問したワードが対象となるそれぞれの文化のコンテキストで等価になるよう，Back-Translation Processという二重の翻訳プロセスを踏襲した（Douglas and Craig1983, Choi and Miracle2004）。

それは，以下のプロセスから構成される。はじめに英語の質問票を，専門的な翻訳者が日本語に翻訳する。次に，それとは別の専門的な翻訳者が，先の日本語の翻訳されたものを英語に翻訳し返す。そこで，英語に翻訳したものと，そもそもの英語の質問を双方比較した上で，相違があれば議論を通じて修正しひとつの質問に収斂させるという翻訳方法である。こうしたプロセスを，本章での翻訳に際しても踏襲した。

対象サンプルのこれらのネット・リテラシー尺度に対して，探索的因子分析（最尤法）を行った。因子負荷量が0.4以上の項目を残し，複数の因子に対して負荷量が高い項目を削除した。

図表7-2 ネット・リテラシー概念一覧

| 構成概念 | 項目 | 平均値 | 標準偏差 | 信頼性 $\alpha$ |
|---|---|---|---|---|
| ネット操作力 | ・自分はインターネットを使うことに精通している | 4.93 | 1.29 | 0.85 |
| | ・自分はインターネットで情報を探すことに関して知識が深いと思う | 4.82 | 1.32 | |
| | ・インターネットで必要な情報を探すことができる | 5.51 | 1.06 | |
| | ・インターネット情報の真偽が判断できる | 4.42 | 1.15 | |
| ネット・コミュニケーション力 | ・インターネットで、新しい知り合いを作ることができる | 3.73 | 1.59 | 0.92 |
| | ・インターネットで、見知らぬ人とのコミュニケーションを待つようにしている | 3.33 | 1.66 | |
| | ・インターネットで、積極的にコミュニケーションを行うことができる | 3.45 | 1.59 | |
| ネット懐疑志向 | ・概して、インターネットの情報は、それに関連する危険性の本当の姿を表せていない | 4.69 | 1.17 | 0.73 |
| | ・インターネットで伝えられるメッセージは、現実を表していない | 4.22 | 1.08 | |
| | ・ほとんどのネット情報で示されることは、現実的ではない | 3.85 | 1.04 | |

(出所:著者作成)

## 7-3 信頼性と妥当性

　これらの尺度の評価として、構成概念の信頼性と妥当性を見ていく。まず、信頼性として、内部一貫性的信頼性を評価するため、クロンバックの $\alpha$ 係数を確認する。すべての $\alpha$ 係数は0.7以上であり、内部一貫性による信頼性は満足できる値を示している(図表7-2)。
　続いて、構成概念の妥当性として、一次元性、収束妥当性、弁別妥当性を構造方程式モデリング(SEM)による確認的因子分析によって確認する。

**図表7-3　ネット・リテラシーの確認的因子分析(n = 1000)**

| 観測変数 | 係数 | 潜在変数 |
|---|---|---|
| ネット利用に精通 | .88 | ネット操作力 |
| ネット情報の探索知識 | .91 | |
| ネット情報を探索可能 | .65 | |
| ネット情報の真偽判断 | .60 | |
| ネットでの知り合いづくり可能 | .85 | ネット・コミュニケーション力 |
| ネットでの見知らぬ人とのコミュニケーション | .92 | |
| ネットでの積極的コミュニケーション | .90 | |
| ネット情報は危険性表せてない | .52 | ネット懐疑志向 |
| ネットメッセージは現実を表してない | .96 | |
| ネット情報は現実的でない | .65 | |

因子間相関：ネット操作力―ネット・コミュニケーション力 .34、ネット操作力―ネット懐疑志向 .17、ネット・コミュニケーション力―ネット懐疑志向 .09

$\chi^2$ = 209.4 d.f. = 32 $p$ < .001 GFI = 0.96 AGFI = 0.93 CFI = 0.97 RMSEA = 0.075
誤差変数は削除，数字は標準化係数と相関係数。
（出所：著者作成）

　まず，一次元性については，GFI = 0.96，AGFI = 0.93，CFI = 0.97，RMSEA = 0.075 となり，モデルの適合度が高いことを示しており，その妥当性が確認された（図表7-3）。

　収束妥当性については，それぞれの構成概念に対して，すべての項目の標準化係数（因子負荷量）が有意であり，かつ 0.5 以上を超えていることで，その妥当性が確認された（Hair et al. 2006）。さらに，AVE（Average Variance Explained）を確認する（図表7-4）。すべての構成概念において 0.5 以上を超えていることから基準を満たしているといえる（Fornell and Larcher 1981）。

　弁別妥当性についても，それぞれの構成概念の AVE が，構成概念間の相

図表7-4　構成概念のAVEと概念間の相関係数

| 構成概念 | AVE | a | b | c | d |
|---|---|---|---|---|---|
| ネット操作力(a) | 0.78 | - | - | - | - |
| ネット・コミュニケーション力(b) | 0.89 | 0.34 | - | - | - |
| ネット懐疑志向(c) | 0.74 | 0.17 | 0.09 | - | - |

(出所：著者作成)

関係数の平方を上回っていることから，その妥当性が確認された（Fornell and Larcker 1981）。

このことから，ネット・リテラシーの3つの概念の質問項目がそれぞれの構成概念に収束し3つの概念が弁別され識別されていることが確認できたといえる。

## 7-4 分析結果

3つに識別されたネット・リテラシー概念それぞれで離脱者と継続者とのグループ間での平均値の差の検定を行った（図表7-5参照）。その結果，ネット操作力（離脱者平均=4.93，継続者平均=4.91）とネット懐疑志向（離脱者平均=4.21，継続者平均=4.26）に関して離脱者と継続者との間に有意な平均値の差がないことが確認された。その結果，仮説1（H1: mixi継続者は，mixi離脱者に比べて，ネット操作力の平均値が有意に高い）と仮説3（H3: mixi継続者は，mixi離脱者に比べてネット懐疑志向の平均値が有意に高い）は棄却されたといえる。ネット操作力とネット懐疑志向に関して言えば，離脱者であっても，継続者と，その平均値に差がないのである。

それに対して，ネット・コミュニケーション力に関しては，離脱者に比べて継続者の平均値が有意に高かった（離脱者平均=3.02，継続者平均=3.63）。したがってデプスインタビューから導き出された仮説2（H2: mixi継続者は，mixi離脱者に比べて，ネット・コミュニケーション力の平均値が有意に高い）が支持されたことになる。mixiというネット・コミュニティの特性を考慮すると，ネット・リテラシーの中でも，多様な人々と関わると

**図表7-5 離脱者と継続者との比較**

|  | 離脱者<br>($n = 212$) | 継続者<br>($n = 788$) |  |
|---|---|---|---|
|  | 平均 | 平均 | $t$値 |
| ネット操作力 | 4.93 | 4.91 | -0.355 |
| ネット・コミュニケーション力 | 3.02 | 3.63 | 5.385 ** |
| ネット懐疑志向 | 4.21 | 4.26 | 0.762 |

$+ p<.10,\ * p<.05,\ ** p<.01,\ *** p<.001$
(出所:著者作成)

いう主目的を可能にするネット・コミュニケーション力が継続者と離脱者の相違,すなわちサービスを継続するか否かという判断それ自体に影響する要因になると推測することができる。

## 7-5 まとめ

本章では,第2の研究課題であるネット・リテラシー概念の尺度開発をした上で,第3の研究課題であるサイト離脱者と継続者とのネット・リテラシーの比較が行われた。

まずは,探索的因子分析を通して尺度開発が行われ,確認的因子分析により妥当性と信頼性が検証された。次に,平均値の差の検定よりネット・コミュニケーション力は,離脱者に比べて継続者が高く,サイト継続の要因となっていることが明らかとなった。一方,ネット操作力とネット懐疑志向においては,離脱者と継続者の平均値に差がなかったのである。

# 第8章
# ネット・リテラシーと利用頻度の調査

　本章では，第4の研究課題である3つのネット・リテラシー概念と利用頻度に関する仮説を検証することとする。同時に，サンプル範囲が異なるために，第2の研究課題であるネット・リテラシー概念の探索的・確認的因子分析が行われ，ネット・リテラシー概念の尺度開発の追試がなされる。

## 8-1　研究方法

　研究方法は，前章で説明したとおりである。前章との相違を言えば，前章で分析したサンプルは，離脱者と継続者との平均値の相違を検証するために離脱者も含んでいた。しかし，本章では，3つのネット・リテラシーと利用頻度との関係を明らかにするために，中止者や離脱者を分析の対象から省くことにする。したがって，中止者である離脱者やすでにほとんど利用していないと回答をした212サンプルを分析の対象から省き，mixiを現在も継続利用していると回答した788サンプルを分析対象とした（図表8-1参照）。

図表8-1　サンプルの特性

| 年齢 | 男性 | 女性 | 計 |
|---|---|---|---|
| 15〜24歳 | 131 | 191 | 322 |
| 25〜34歳 | 115 | 118 | 233 |
| 35〜44歳 | 54 | 72 | 126 |
| 45〜54歳 | 33 | 34 | 67 |
| 55〜64歳 | 5 | 17 | 22 |
| 65歳以上 | 11 | 7 | 18 |
| 計 | 349 | 439 | 788 |

（出所：著者作成）

## 8-2 尺度

**独立変数**

独立変数は，3つのネット・リテラシー概念となる。すなわち，ネット操作力，ネット・コミュニケーション力，ネット懐疑志向である。これらの構成概念の項目は，前章で確認したものの，対象サンプルが異なることとコントロール変数として文化変数概念が加わるため，前章と同様に探索的因子分析（最尤法）を行った。因子負荷量が0.4以上の項目を残し，複数の因子に対して負荷量が高い項目は削除した。その結果前章と同じ，項目となった。

**従属変数**

サイト利用頻度が従属変数となる。現在のmixi利用頻度について，10段階のスケール（①1年に1回，②半年に1度，③半年に数回，④1ヶ月に1度，⑤1週間に1回，⑥1週間に数回，⑦1日1回，⑧1日数回，⑨1時間に数回，⑩常時）で測定を行った。

**コントロール変数**

文化変数と，性別，年齢をコントロール変数とする。文化変数は，Choi and Gordon（2004）から引用した3項目を採用し，リッカート7点尺度を用いて測定した。文化変数とは，Markus and Kitayama（1991）によって提唱された自己観（Self Construal）の概念である。自己観は，国を超えて人々の関わりのあり方やそのコミュニケーションを説明する概念であり，自身の利害や目的を追求する相互独立的自己観（Independent Self Construals），自身を社会関係の一部とし，他人に適合，協調を志向する相互協調的自己観（Interdepedent Self Construals）というそれぞれの次元で測定されている。ソーシャルメディアは，関係構築やコミュニケーションの場であることから相互協調的自己観を測定する項目を投入した。さらに性別（男性：1，女性：0）と年齢（実数）を測定した。

第8章 ネット・リテラシーと利用頻度の調査　119

**図表8-2　概念・変数と結果の一覧**

| 構成概念 | 項目 | 平均値 | 標準偏差 | 信頼性 α |
|---|---|---|---|---|
| ネット操作力 | ・自分はインターネットを使うことに精通している | 4.94 | 1.29 | 0.84 |
| | ・自分はインターネットで情報を探すことに関して知識が深いと思う | 4.81 | 1.32 | |
| | ・インターネットで必要な情報を探すことができる | 5.49 | 1.07 | |
| | ・インターネット情報の真偽が判断できる | 4.41 | 1.17 | |
| ネット・コミュニケーション力 | ・インターネットで，新しい知り合いを作ることができる | 3.85 | 1.57 | 0.91 |
| | ・インターネットで，見知らぬ人とのコミュニケーションを待つようにしている | 3.45 | 1.66 | |
| | ・インターネットで，積極的にコミュニケーションを行うことができる | 3.59 | 1.58 | |
| ネット懐疑志向 | ・概して，インターネットの情報は，それに関連する危険性の本当の姿を表せていない | 4.69 | 1.15 | 0.73 |
| | ・インターネットで伝えられるメッセージは，現実を表していない | 4.24 | 1.06 | |
| | ・ほとんどのネット情報で示されることは，現実的ではない | 3.86 | 1.04 | |
| 文化変数 | ・わたしにとって幸せとは自分の属するグループの皆が幸せだということだ | 4.19 | 1.24 | 0.72 |
| | ・わたしは皆といるときは，誰かの気を悪くしないよう発言に気をつける | 4.83 | 1.17 | |
| | ・わたしは皆の期待に沿うように振舞うほうだ | 4.44 | 1.09 | |
| サイト利用頻度 | ・mixiの利用頻度を教えてください(10点スケール) | 6.32 | 2.20 | － |
| 性別 | ・性別を教えてください | － | － | － |
| 年齢 | ・年齢を教えてください | 31.48 | 11.37 | － |

(出所：著者作成)

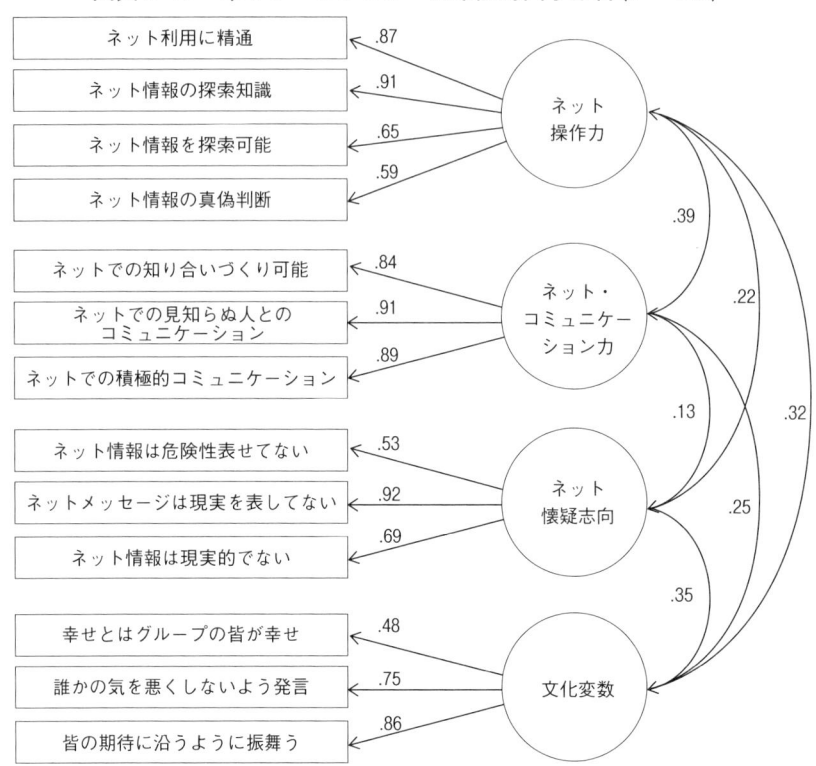

### 図表8-3 ネット・リテラシーの確認的因子分析（n = 788）

| 観測変数 | 負荷量 | 因子 |
|---|---|---|
| ネット利用に精通 | .87 | ネット操作力 |
| ネット情報の探索知識 | .91 | |
| ネット情報を探索可能 | .65 | |
| ネット情報の真偽判断 | .59 | |
| ネットでの知り合いづくり可能 | .84 | ネット・コミュニケーション力 |
| ネットでの見知らぬ人とのコミュニケーション | .91 | |
| ネットでの積極的コミュニケーション | .89 | |
| ネット情報は危険性表せてない | .53 | ネット懐疑志向 |
| ネットメッセージは現実を表してない | .92 | |
| ネット情報は現実的でない | .69 | |
| 幸せとはグループの皆が幸せ | .48 | 文化変数 |
| 誰かの気を悪くしないよう発言 | .75 | |
| 皆の期待に沿うように振舞う | .86 | |

因子間相関：ネット操作力―ネット・コミュニケーション力 .39、ネット操作力―ネット懐疑志向 .22、ネット操作力―文化変数 .32、ネット・コミュニケーション力―ネット懐疑志向 .13、ネット・コミュニケーション力―文化変数 .25、ネット懐疑志向―文化変数 .35

$\chi^2 = 251.1$ d.f. = 59 $p < .001$ GFI = 0.95 AGFI = 0.93 CFI = 0.96 RMSEA = 0.06
誤差変数は削除，数字は標準化係数と相関係数。
（出所：著者作成）

## 8-3 信頼性と妥当性

　これらの尺度の評価として，構成概念の信頼性と妥当性を見ていく。まず，信頼性として，内部一貫性的信頼性を評価するため，クロンバックの$\alpha$係数を確認する。すべての$\alpha$係数は0.7以上であり，内部一貫性による信頼性は満足できる値を示している（図表8-2）。

図表8-4　構成概念のAVEと概念間の相関係数

| 構成概念 | AVE | a | b | c | d |
|---|---|---|---|---|---|
| ネット操作力(a) | .591 | – | – | – | – |
| ネット・コミュニケーション力(b) | .772 | .387 | – | – | – |
| ネット懐疑志向(c) | .537 | .219 | .127 | – | – |
| 文化変数(d) | .501 | .316 | .253 | .355 | – |

(出所:著者作成)

続いて,構成概念の妥当性として,一次元性,収束妥当性,弁別妥当性を構造方程式モデリング(SEM)による確認的因子分析によって確認する。まず,一次元性については,GFI = 0.95,AGFI = 0.93,CFI = 0.96,RMSEA = 0.06となり,モデルの適合度が高いことを示しており,その妥当性が確認された(図8-3)。

収束妥当性については,それぞれの構成概念に対して,すべての項目の標準化係数(因子負荷量)が有意であり,かつ1項目を除いて0.5以上を超えていることで,その妥当性が確認された(Hair et al.2006)。さらに,AVEを確認する(図表8-4)。すべての構成概念において0.5以上を超えていることから基準を満たしているといえる(Fornell and Larcher 1981)。

弁別妥当性については,それぞれの構成概念のAVEが,構成概念間の相関係数の平方を上回っていることから,その妥当性が確認できた(Fornell and Larcker 1981)。

## 8-4　分析結果

3つに識別されたネット・リテラシー概念それぞれを独立変数とし,mixi利用頻度を従属変数として重回帰分析を行った(図表8-5参照)。まず,モデルの当てはまりの良さを示す自由度調整済み決定係数は0.069と高くないが,モデルの妥当性は有意であった($p < .001$)。ネット操作力($\beta = .095$, $p < .05$)と,ネット・コミュニケーション力($\beta = .140$, $p < .001$)は,

**図表8-5　調査結果の概要（重回帰分析）$n = 788$**

|  | サイト利用頻度 標準化係数 $\beta$ ($t$ 値) |
|---|---|
| ネット操作力 | .095 (2.466)** |
| ネット・コミュニケーション力 | .140 (3.749)*** |
| ネット懐疑志向 | -.006 (-.174) |
| 文化変数 | .040 (1.065) |
| 性別 | -.011 (-.325) |
| 年齢 | -.179 (-5.188)*** |
| 自由度調整済み決定係数 $R^2$ ($F$ 値) | .069 (10.733)*** |

+ $p < .10$; * $p < .05$; ** $p < .01$; *** $p < .001$
（出所：著者作成）

mxi 利用頻度に正の影響を与えていた。その結果，先行研究サーベイからの理論課題であり，探索的調査，デプスインタビューから導出された仮説4（H4:ネット操作力は，mixi の利用頻度を高める）と，仮説5（H5:ネット・コミュニケーション力は，mixi の利用頻度を高める）は支持されたことになる。ネットの操作や適切な情報を見出せるスキル，あるいはネット上で多様な人々と関わるという主目的を可能にするコミュニケーションのスキルが，mixi の利用頻度に影響する要因になると推測することができる。

一方，ネット懐疑志向（$\beta = -.006$, $p = .862$）に関しては，mixi 利用頻度に影響を与えているとはいえなかった。その結果，先行研究から導出された仮説6（H6:ネット懐疑志向は，mixi の利用頻度を高める）は棄却されたことになる。ネット上の情報を疑い深くみる志向は，mixi の利用頻度に影響する要因になるとはいえない。

## 8-5　まとめ

　本章では，第4の研究課題である3つのネット・リテラシー概念と利用頻度に関する仮説を検証してきた。ネット操作力と，ネット・コミュニケーション力が，サイト利用頻度に影響を与えていたといえる。一方，ネット懐疑志向は，サイト利用頻度に影響を与えているとはいえなかった。

　同時に，サンプル範囲が異なる上に，追加概念が対象となるために，再度，第2の研究課題であるネット・リテラシー概念の探索的因子分析，確認的因子分析が行われ，ネット・リテラシー概念の信頼性・妥当性の検証が行われ，尺度の追試がなされた。その結果，尺度の頑健性が明らかとなった。

# 第9章
# 考察と新たなる研究課題

本研究の第Ⅱ部では，ソーシャルメディアの利用と，ユーザーのネット・リテラシーとの関係を明らかにすることを目的とし，国内調査を行ってきた。第Ⅰ部の先行研究サーベイによる理論課題をうけて，予備調査やデプスインタビューなどの探索的調査を通して研究課題・仮説構築を行った上で，それらを歴史的事例調査や質問票調査による実証研究により検証してきた。以下では，ここまでの国内調査の研究成果と，研究課題を明らかにし，第Ⅲ部の国際調査へと橋渡しを行う。

## 9-1 研究成果

では，まず研究成果として，本研究の大きな4つの研究課題に基づいてそ

図表9-1 第Ⅱ部の研究課題・仮説と結果

| 研究課題・仮説 | 結果 |
|---|---|
| 研究課題1 ネット・リテラシーとサイト利用との歴史的な相互依存関係 | 例証 |
| 研究課題2 3つのネット・リテラシー概念の尺度開発 | 開発 |
| 研究課題3 サイト離脱者と継続者とのネット・リテラシーの比較 | |
| H1: mixi継続者は，mixi離脱者に比べて，ネット操作力の平均値が有意に高い | 棄却 |
| H2: mixi継続者は，mixi離脱者に比べて，ネット・コミュニケーション力の平均値が有意に高い | 支持 |
| H3: mixi継続者は，mixi離脱者に比べて，ネット懐疑志向の平均値が有意に高い | 棄却 |
| 研究課題4 ネット・リテラシーとサイト利用頻度との関係 | |
| H4: ネット操作力は，mixiの利用頻度を高める | 支持 |
| H5: ネット・コミュニケーション力は，mixiの利用頻度を高める | 支持 |
| H6: ネット懐疑志向は，mixiの利用頻度を高める | 棄却 |

(出所：著者作成)

の仮説や結果，さらには考察のまとめを行う（図表9-1参照）。

### 9-1-1 ネット・リテラシーとサイト利用との相互依存関係

まず，第1の研究課題としては，先行研究の理論課題であるネット・リテラシーとサイト利用との相互依存的関係の実証である。第6章のmixiの歴史的事例研究を通して，3つのネット・リテラシーと，mixiのサービスの利用との相互依存関係を例証することができた。mixiの創業以来の7年間にわたって公開されたサービスのほとんどすべてが，これら3つのリテラシーのいずれか，あるいは複数と関係するものであった。さらには，多様な3つのネット・リテラシーと，それぞれに関連したサービスとの相互依存関係などが確認された。

### 9-1-2 ネット・リテラシー概念の尺度開発

第2の研究課題としては，先行研究の理論課題として挙げられたネット・リテラシー概念の尺度開発である。第2章の先行研究と第4章のデプスインタビューを参考に作成したネット操作力，ネット・コミュニケーション力，ネット懐疑的志向という3つのネット・リテラシー概念について，第6章のmixiの歴史的事例研究を通して，それらのリテラシーの存在を傍証し，さらには第7章，第8章でのユーザーへの質問票調査のデータにより探索的・確認的因子分析を実施し，構成概念の尺度開発を行うことができた。

### 9-1-3 サイト離脱者と継続者とのネット・リテラシーの比較

次に，第3の研究課題としては，サイト離脱者と継続者との3つのネット・リテラシーの比較の実証である。これは，第3章の予備調査からの課題であり，第4章のデプスインタビューを通して仮説化され，第7章のユーザーへの質問票調査で平均値の差の検定により検証された。仮説2（H2: mixi継続者は，mixi離脱者に比べて，ネット・コミュニケーション力の平均値が有意に高い）は支持されたが，仮説1（H1: mixi継続者は，mixi離

脱者に比べて，ネット操作力の平均値が有意に高い）と仮説3（H3: mixi継続者は，mixi離脱者に比べて，ネット懐疑志向の平均値が有意に高い）は支持されなかった。つまり，ネット・リテラシーの中でも，ウェブ上で見知らぬ人々と積極的に関わるという主目的を可能にするネット・コミュニケーション力が継続者と離脱者の相違，すなわち，サービスを継続するか否かという判断それ自体に影響する要因になるといえる。

### 9-1-4　ネット・リテラシーとサイト利用頻度との関係

第4の研究課題としては，ネット・リテラシーのサイト利用頻度への影響の実証である。これも，先行研究からの理論課題であり，第3章の予備調査，そして第4章のデプスインタビューを通して仮説化され，第8章のユーザーへの質問票調査で重回帰分析により検証された。仮説4（H4: ネット操作力は，mixiの利用頻度を高める）と仮説5（H5: ネット・コミュニケーション力は，mixiの利用頻度を高める）は支持された。すなわち，サイト利用頻度の規定因は，ネット操作力とネット・コミュニケーション力であった。ウェブ上で見知らぬ人々とコミュニケーションをとれることや，ネットの機器などの操作やネットで適切な情報を見出させる程度が高ければ，サイト利用頻度が高まるのである。

その一方，仮説6（H6: ネット懐疑志向は，mixiの利用頻度を高める）は棄却された。すなわち，ネット情報に対しての批判的な見方は，サイト利用頻度の規定因ではないといえる。

### 9-1-5　まとめ

最後に，4つの研究課題を通しての成果を整理する。本研究で明らかになったことは，ウェブ上で見知らぬ人々と積極的に関わるという，そもそもネット・コミュニティの根源的な主目的に関連するリテラシーともいえる，ネット・コミュニケーション力の重要性である。このリテラシーの高さが，ユーザーにサイトの利用頻度を高め，サイト利用を離脱させない。一方，

ネット操作力は，利用頻度を高めるはするが，必ずしも継続にはつながらないということだ。さらには，ネット懐疑志向は，サイト継続においてもサイト利用頻度においても影響を与えていない。

## 9-2 新たな研究課題

こうした4つの研究課題を基にした研究を通して，新たに4つの課題が追加される。

### 9-2-1 ネット・リテラシー概念の尺度の追試

まず，第5の研究課題としては，ネット・リテラシー概念尺度の追試の必要性である。ネット・リテラシー概念の尺度開発（研究課題2）が行われたが，日本における1ショットのデータによる検証結果であり，開発された尺度を頑強なものにするために異なるデータ，例えば国際的なデータでの追試が望まれる。

### 9-2-2 ネット・リテラシーとサイト利用の国際比較

次に第6の研究課題としては，ネット・リテラシーとサイト利用の国際比較である。先行研究レビューを通して，3つのリテラシーの概念を導出したが，mixiを通じたふたつの実証研究では，仮説通りの関係を見ることができなかった。ネット・リテラシーとサイト利用との歴史的な相互依存関係（研究課題1）の調査では，mixiの歴史的事例研究を通して，3つのネット・リテラシーとサイト利用との相互依存関係を例証することができたが，このことは同時に，ウェブやブロードバンドの進展などの歴史的経緯や環境の違い，もしくは，対人的な人間関係の構築やコミュニケーションのあり方に影響する文化的な背景の相違によって，ネット・リテラシーやサイト利用が異なることを意味するとも考えられる。それを踏まえて，リテラシーの程度の相違が想定される国々に調査対象を拡大し比較することで，リテラシー概念，さらには，サイト利用との関係の理解を深化させる可能性をもつ。そ

れには，分析対象を facebook に代える必要がある。facebook は，国際化に伴い国の特殊性に依存しないサービスを展開している。それゆえ，そうした統一的なサービスは，国際比較をする上で適切なサイトということができる。第8章で取り上げた，国の特殊性に依存しない，コミュニケーションに関する文化変数を取り入れることでサイト利用との関係を検討することにする。

### 9-2-3　サイト離脱者と継続者のネット・リテラシー比較の追試

第7の研究課題としては，サイト離脱者と継続者のネット・リテラシー比較の追試である。サイト離脱者と継続者のネット・リテラシーの比較（研究課題3）について，国際的なデータを通して追試をする。

### 9-2-4　ネット・リテラシーの利用頻度や態度への影響

最後に，第8の研究課題としては，ネット・リテラシーのサイト利用頻度やサイト態度への影響のモデルの精緻化である。ネット・コミュニケーション力とネット操作力が，サイト利用頻度の規定因になっていることがわかったが，その重回帰分析のモデルの自由度調整済み決定係数は 0.069 と高くなく，決してモデルの当てはまりが良いとはいえない。そのため，モデルを見直し精緻化する必要がある。さらに，ネット操作力は，サイト利用頻度を高めても，継続利用には影響を与えていない。したがって，サイト利用頻度への影響を確認するだけでなく，サイトへの態度の影響を同時に見ていく必要がある。

# 第III部

# 国際調査

# 第10章
# 研究課題と仮説構築

　では，先行研究における理論課題や，第Ⅱ部の国内調査の結果を踏まえて，ネット・リテラシーとサイト利用に関する研究課題と仮説を提示する。それらを整理すると，新たに第Ⅱ部の4つの研究課題に続けて，次の4つの課題が挙げられる。まず，第5の研究課題としてネット・リテラシー概念尺度の追試であり，第6の課題としてネット・リテラシーとサイト利用の国際比較，そして第7の課題としてサイト離脱者と継続者のネット・リテラシー比較の追試，最後に第8の課題として，ネット・リテラシーのサイト利用頻度やサイト態度への影響のモデルの精緻化がある。これらの調査は，序章で述べたように日本・米国・韓国の facebook ユーザーを対象に質問票調査によって実施される。

## 10-1　ネット・リテラシー概念尺度の追試

　まず，第5の研究課題としては，ネット・リテラシー概念尺度の追試である。研究課題1によって開発されたネット・リテラシー概念の尺度を頑強なものにするために，その妥当性や信頼性を国際的なデータによって確認する。

## 10-2　ネット・リテラシーとサイト利用の国際比較

　次に，第6の研究課題としては，ネット・リテラシーとサイト利用の国際比較である。ネット・リテラシーとサイト利用との歴史的な相互依存関係（研究課題1）の調査では，mixi の歴史的事例研究を通して，3つのネット・リテラシーとサイト利用との相互依存関係を例証することができたが，このことは同時に，歴史的経緯や環境の違いによって，ネット・リテラシーやサイト利用頻度，サイトへの態度が異なることが推測される。当然，コ

ミュニーションに関する文化変数も国ごとに異なることが推測される。さらに米国や韓国は，日本に比べて，ネット先進国と言われ，そのリテラシーの高さとサイト利用の高さが指摘されている。そこで，次のような仮説を立てることができる。

H7: ネット操作力の平均値は，国の違いによって有意な差がある。

H8: ネット・コミュニケーション力の平均値は，国の違いによって有意な差がある。

H9: ネット懐疑志向の平均値は，国の違いによって有意な差がある。

H10: facebook 利用頻度の平均値は，国の違いによって有意な差がある。

H11: facebook への態度の平均値は，国の違いによって有意な差がある。

H12: 文化変数の平均値は，国の違いによって有意な差がある。

## 10-3 サイト離脱者と継続者のネット・リテラシー比較の追試

次に，第7の課題として，サイト離脱者と継続者のネット・リテラシーの比較（研究課題3）の追試については，国内調査の分析結果では，ネット・コミュニケーション力のみに有意な差が見られた。しかし，facebook の利用に関しては，国内外にとどまらない参加者の増大によってコンテンツの不確実性が増すことで一層のリテラシーが求められる。それゆえ，facebook に関しては，理論通りの仮説を立てることができる。

H13: facebook 継続者は，facebook 離脱者に比べて，ネット操作力の平均値が有

意に高い。

H14: facebook 継続者は,facebook 離脱者に比べて,ネット・コミュニケーション力の平均値が有意に高い。

H15: facebook 継続者は,facebook 離脱者に比べて,ネット懐疑志向の平均値が有意に高い。

さらに,国内調査では,ネット操作力は,サイト利用頻度を高めても,継続利用には影響を与えていなかった。したがって,サイト利用頻度への影響を確認するだけでなく,サイトへの態度の影響を同時に見ていく必要がある。つまり,継続者の方がサイトへの態度が高いことが推測される。そこで,次のような仮説を立てることができる。

H16: facebook 継続者は,facebook 離脱者に比べて,facebook への態度の平均値が有意に高い。

一方,継続者と離脱者では,他者との人間関係を協調し,コミュニケーションを志向する文化変数によっても差があることが推測される。そこで,次のような仮説を立てることができる。

H17: facebook 継続者は,facebook 離脱者に比べて,文化変数の平均値が有意に高い。

## 10-4 ネット・リテラシーのサイト利用頻度や態度への影響モデルの精緻化

最後に第8の研究課題としては,ネット・リテラシーのサイト利用頻度やサイト態度への影響モデルの精緻化である。国内調査のサイト利用頻度を従

属変数とする重回帰分析のモデルは，当てはまりが良いとはいえなかったため，モデルを見直す必要がある。その手がかりとして，mixiの歴史的事例研究を参考にすると，サイトのサービスを利用するためには，複合的なネット・リテラシーが要求されていた。例えば，見知らぬ人とのコミュニケーションを取ろうとすると，ネット・コミュニケーション力だけでなく，ネット操作力やネット懐疑志向が必要となる可能性があった。つまり，サイト利用頻度に対して，ネット・コミュニケーション力をモデレートするように，ネット懐疑志向とネット操作力が作用していると考えることもできる。

H18: ネット・コミュニケーション力，ネット懐疑志向，ネット操作力の3要因は，サイト利用頻度に対して交互作用効果をもつ。

第7の研究課題でも見たように国内調査では，ネット操作力は，サイト利用頻度を高めても，継続利用には影響を与えていない。したがって，サイト利用頻度への影響を確認するだけでなく，サイトへの態度の影響を同時に見ていく必要がある。

H19: ネット・コミュニケーション力，ネット懐疑志向，ネット操作力の3要因は，サイト態度に対して交互作用効果をもつ。

以下では，4つの研究課題を，それぞれの検証に適した方法論で，実証調査を行うこととする。

# 第 11 章
# ネット・リテラシーとサイト利用の国際比較調査

本章では,第5の研究課題であるネット・リテラシー概念尺度の妥当性・信頼性を追試した上で,第6の研究課題であるネット・リテラシーとサイト利用の国際比較を行う。さらに,次章以降,同様の研究方法を基本としながら国際調査を進めるため,両章に共通する研究方法については,本章で説明する。

## 11-1 研究方法

研究方法としては,日本,米国,韓国におけるネット利用者を対象とした質問票調査を行った。楽天リサーチ株式会社に調査を依頼し,2011年2月16日(金)から3月8日(火)まで実施した。各国人口動態で割り付けて配信し[111],facebook 利用登録者をそれぞれ約 1000 サンプル(日本 1000 サン

図表 11-1　日米韓の facebook 利用者のサンプル特性

| 年齢 | 日本 | | | 米国 | | | 韓国 | | |
|---|---|---|---|---|---|---|---|---|---|
| | 男性 | 女性 | 計 | 男性 | 女性 | 計 | 男性 | 女性 | 計 |
| 15〜24歳 | 148 | 90 | 238 | 40 | 64 | 104 | 107 | 196 | 303 |
| 25〜34歳 | 109 | 67 | 176 | 71 | 123 | 194 | 215 | 199 | 414 |
| 35〜44歳 | 103 | 50 | 153 | 73 | 92 | 165 | 115 | 81 | 196 |
| 45〜54歳 | 56 | 56 | 112 | 89 | 129 | 218 | 42 | 24 | 66 |
| 55〜64歳 | 43 | 30 | 73 | 140 | 96 | 236 | 16 | 0 | 16 |
| 65歳以上 | 34 | 31 | 65 | 92 | 33 | 125 | 1 | 2 | 3 |
| 計 | 493 | 324 | 817 | 505 | 537 | 1042 | 496 | 502 | 998 |

(出所:著者作成)

---

[111] 各国 1000 サンプルの回収を目標とし,各国の利用率と返信率を考慮した上で,各国の人口動態に割り付けて,日本では 20000 サンプル,米国は 26000 サンプル,韓国では 17000 サンプルのパネルに向けて,質問票を配信した。

プル，米国1060サンプル，韓国1049サンプル）を回収し，そのうち第8章と同じく中止者や離脱者を分析の対象から省いた継続利用者である2857サンプル（日本817サンプル，米国1042サンプル，韓国998サンプル）を分析対象とした（図表11-1参照）。

## 11-2　尺度

　質問票で使用する尺度に関しては，ネット操作力，ネット・コミュニケーション力，ネット懐疑志向という3つのネット・リテラシー概念と，facebookのサイトに対する態度，サイトの利用頻度，文化変数を利用する。3つのネット・リテラシー概念は本書で開発された尺度を利用する。文化変数に関しても，Choi and Gordon（2004）から引用した相互協調的自己観に関する3つの項目を採用した。ウェブサイトに対する態度に関しては，Ko, Cho and Roberts（2005）から4つの項目を採用した。それぞれのステートメントに対しては，リッカート7点尺度を用いて測定した。

　サイト利用頻度も，第Ⅰ部と同様の方法で測定した。現在のfacebook利用頻度について，10段階のスケール（①1年に1回，②半年に1度，③半年に数回，④1ヶ月に1度，⑤1週間に1回，⑥1週間に数回，⑦1日1回，⑧1日数回，⑨1時間に数回，⑩常時）で測定を行った。さらに性別（男性：1，女性:0）と年齢（実数）を測定した。

　これらの項目は，それぞれの国の言語で質問が行われた（付録参照）。なお，第Ⅱ部での調査と同様に，デプスインタビューで開発された日本語の尺度を英語に翻訳することや，欧米文献の英語の尺度およびデプスインタビューで開発された日本語の尺度を韓国語に翻訳することに関しても細心の注意を払っている。すなわち，ただ単純に翻訳するというのではなく，質問したワードが対象となるそれぞれの文化のコンテキストで等価になるよう，Back-Translation Processという二重の翻訳プロセスを踏襲した（Douglas and Craig1983, Choi and Miracle2004）。そのプロセスについては，第7章で説明した同様の手続きを国別に実施した。

### 図表11-2 概念・変数と結果の一覧

| 構成概念 | 項目 | 平均値 | 標準偏差 | 信頼性 $\alpha$ |
|---|---|---|---|---|
| ネット操作力 | ・自分はインターネットを使うことに精通している | 5.21 | 1.28 | 0.87 |
| | ・自分はインターネットで情報を探すことに関して知識が深いと思う | 5.28 | 1.27 | |
| | ・インターネットで必要な情報を探すことができる | 5.69 | 1.05 | |
| | ・インターネット情報の真偽が判断できる | 4.86 | 1.16 | |
| ネット・コミュニケーション力 | ・インターネットで,新しい知り合いを作ることができる | 4.86 | 1.42 | 0.90 |
| | ・インターネットで,見知らぬ人とのコミュニケーションを待つようにしている | 4.73 | 1.59 | |
| | ・インターネットで,積極的にコミュニケーションを行うことができる | 4.89 | 1.45 | |
| ネット懐疑志向 | ・概して,インターネットの情報は,それに関連する危険性の本当の姿を表せていない | 4.81 | 1.21 | 0.71 |
| | ・インターネットで伝えられるメッセージは,現実を表していない | 4.27 | 1.15 | |
| | ・ほとんどのネット情報で示されることは,現実的ではない | 3.95 | 1.20 | |
| サイト利用頻度 | ・facebookの利用頻度を教えてください(10点スケール) | 6.17 | 2.028 | － |
| サイト態度 | ・facebookの機能に満足している | 5.01 | 1.42 | 0.89 |
| | ・facebookは,安心して閲覧できる | 4.86 | 1.47 | |
| | ・facebookは,暇つぶしに最適だ | 4.73 | 1.54 | |
| | ・他のウェブサイトに比べた場合,facebookは優れていると思う | 4.66 | 1.53 | |
| 文化変数 | ・わたしにとって幸せとは自分の属するグループの皆が幸せだということだ | 3.93 | 1.53 | 0.74 |
| | ・わたしは皆といるときは,誰かの気を悪くしないよう発言に気をつける | 4.85 | 1.35 | |
| | ・わたしは皆の期待に沿うように振舞うほうだ | 4.40 | 1.38 | |
| 性別 | ・性別を教えてください | － | － | － |
| 年齢 | ・年齢を教えてください | 39.12 | 15.05 | － |

(出所:著者作成)

## 11-3　信頼性と妥当性

　これらの概念のいくつかは，第Ⅱ部で確認したが，本分析ではサイト態度概念を利用することや，対象サンプル数が異なるために，再び確認的因子分析を行うことにした。

　これらの尺度の評価として，構成概念の信頼性と妥当性を見ていく。まず，信頼性として，内部一貫性的信頼性を評価するため，クロンバックの $\alpha$ 係数を確認する。すべての $\alpha$ 係数は 0.7 以上であり，内部一貫性による信頼性は満足できる値を示している（図表11-2）。

　続いて，構成概念の妥当性として，一次元性，収束妥当性，弁別妥当性を構造方程式モデリング（SEM）による確認的因子分析によって確認する。まず，一次元性については，GFI = 0.94，AGFI = 0.92，CFI = 0.95，RMSEA = 0.066 となり，モデルの適合度が高いことを示しており，その妥当性が確認された（図表11-3）。

　収束妥当性については，それぞれの構成概念に対して，すべての項目の標準化係数（因子負荷量）が有意であり，かつ1項目を除いて0.5以上を超えていることで，その妥当性が確認された（Hair et al.2006）。さらに，AVE（Average Variance Explained）を確認する（図表11-4）。すべての構成概念において 0.5 以上を超えていることから基準を満たしているといえる（Fornell and Larcher 1981）。

　弁別妥当性については，それぞれの構成概念の AVE が，構成概念間の相関係数の平方を上回っていることから，その妥当性が確認できた（Fornell and Larcker 1981）。

　このことから，ネット・リテラシーの3つの概念の質問項目がそれぞれの構成概念に収束し3つの概念が弁別され識別されていることが確認できたといえる。

## 図表11-3 ネット・リテラシーの確認的因子分析 (*n* = 2857)

| 観測変数 | 係数 | 潜在変数 |
|---|---|---|
| ネット利用に精通 | .90 | ネット操作力 |
| ネット情報の探索知識 | .95 | |
| ネット情報を探索可能 | .71 | |
| ネット情報の真偽判断 | .61 | |
| ネットでの知り合いづくり可能 | .86 | ネット・コミュニケーション力 |
| ネットでの見知らぬ人とのコミュニケーション | .91 | |
| ネットでの積極的コミュニケーション | .85 | |
| ネット情報は危険性表せてない | .44 | ネット懐疑志向 |
| ネットメッセージは現実を表してない | .88 | |
| ネット情報は現実的でない | .74 | |
| 機能に満足 | .86 | サイト態度 |
| 安心して閲覧 | .83 | |
| 暇つぶしに最適 | .75 | |
| 他社より優れている | .82 | |
| 幸せとはグループの皆が幸せ | .53 | 文化変数 |
| 誰かの気を悪くしないよう発言 | .71 | |
| 皆の期待に沿うように振舞う | .89 | |

潜在変数間相関：
- ネット操作力 — ネット・コミュニケーション力：.49
- ネット操作力 — ネット懐疑志向：.11
- ネット操作力 — サイト態度：.30
- ネット操作力 — 文化変数：.16
- ネット・コミュニケーション力 — ネット懐疑志向：.13
- ネット・コミュニケーション力 — サイト態度：.44
- ネット・コミュニケーション力 — 文化変数：.22
- ネット懐疑志向 — サイト態度：.15
- ネット懐疑志向 — 文化変数：.17
- サイト態度 — 文化変数：.10

$\chi^2 = 1465.7$ d.f. $= 109$ $p < .001$ GFI $= 0.94$ AGFI $= 0.92$ CFI $= 0.95$ RMSEA $= 0.066$
誤差変数は削除，数字は標準化係数と相関係数。
（出所：著者作成）

**図表11-4　構成概念のAVEと概念間の相関係数**

| 構成概念 | AVE | a | b | c | d | e |
|---|---|---|---|---|---|---|
| ネット操作力(a) | .644 | – | | | | |
| ネット・コミュニケーション力(b) | .763 | .487 | – | | | |
| ネット懐疑志向(c) | .511 | .106 | .135 | – | | |
| サイト態度(d) | .668 | .298 | .437 | .151 | – | |
| 文化変数(e) | .524 | .158 | .218 | .165 | .099 | – |

(出所:著者作成)

## 11-4　分析結果

　日本・米国・韓国のネット・リテラシーとサイト利用や態度について，分散分析した結果，すべての項目において有意な差がみられた（図表11-5参照）。まず，3つのネット・リテラシーをみると，ネット操作力（日本平均= 5.08，米国平均= 5.46，韓国平均= 5.20，$p<.001$），ネット・コミュニケーション力（日本平均= 4.05，米国平均= 5.22，韓国平均= 5.06，$p<.001$），そして，ネット懐疑志向（日本平均= 4.19，米国平均= 4.60，韓国平均= 4.21，$p<.001$）であり，それぞれ3国間には有意な差があることが確認された。その結果，仮説7（H7: ネット操作力の平均値は，国の違いによって有意な差がある）と仮説8（H8: ネット・コミュニケーション力の平均値は，国の違いによって有意な差がある），そして仮説9（H9: ネット懐疑志向の平均値は，国の違いによって有意な差がある）は支持されたといえる。すなわち，ネット・リテラシーは，国の違いによって異なるのである。

　さらに，facebook利用頻度（日本平均= 5.58，米国平均= 7.03，韓国平均= 5.76，$p<.001$），facebookへの態度（日本平均= 4.21，米国平均= 5.44，韓国平均= 4.66，$p<.001$），そして文化変数（日本平均= 4.47，米国平均= 3.95，韓国平均= 4.79，$p<.001$）であり，それぞれ3国間には有意な差があることが確認された。その結果，仮説10（H10: facebook利用頻度の平均値は，国の違いによって有意な差がある）と仮説11（H11: facebookへの態度の平均値は，国の違いによって有意な差がある），そして

### 図表 11-5　日・米・韓の分散分析

|  | 日本<br>($n = 817$)<br>平均 | 米国<br>($n = 1042$)<br>平均 | 韓国<br>($n = 998$)<br>平均 | $F$ 値 |
|---|---|---|---|---|
| ネット操作力 | 5.08 | 5.46 | 5.20 | 37.22 *** |
| ネット・コミュニケーション力 | 4.05 | 5.22 | 5.06 | 221.35 *** |
| ネット懐疑志向 | 4.19 | 4.60 | 4.21 | 59.66 *** |
| サイト利用頻度 | 5.58 | 7.03 | 5.76 | 167.18 *** |
| サイト態度 | 4.21 | 5.44 | 4.66 | 262.28 *** |
| 文化変数 | 4.47 | 3.95 | 4.79 | 153.01 *** |

+ $p<.10$,　* $p<.05$,　** $p<.01$,　*** $p<.001$
（出所：著者作成）

### 図表 11-6　日本・米国・韓国の多重比較

|  | 国(a) | 国(b) | 平均値の差(a-b) |
|---|---|---|---|
| ネット操作力 | 日本 | 米国 | -0.39 *** |
|  | 日本 | 韓国 | -0.12 * |
|  | 韓国 | 米国 | -0.27 *** |
| ネット・コミュニケーション力 | 日本 | 米国 | -1.17 *** |
|  | 日本 | 韓国 | -1.01 *** |
|  | 韓国 | 米国 | -0.16 *** |
| ネット懐疑志向 | 日本 | 米国 | -0.40 *** |
|  | 日本 | 韓国 | -0.01 |
|  | 韓国 | 米国 | -0.39 *** |
| サイト利用頻度 | 日本 | 米国 | -1.46 *** |
|  | 日本 | 韓国 | -0.18 |
|  | 韓国 | 米国 | -1.28 *** |
| サイト態度 | 日本 | 米国 | -1.23 *** |
|  | 日本 | 韓国 | -0.45 *** |
|  | 韓国 | 米国 | -0.78 *** |
| 文化変数 | 日本 | 米国 | 0.52 *** |
|  | 日本 | 韓国 | -0.32 *** |
|  | 韓国 | 米国 | 0.84 *** |

+ $p<.10$,　* $p<.05$,　** $p<.01$,　*** $p<.001$
（出所：著者作成）

仮説12（H12: 文化変数の平均値は，国の違いによって有意な差がある）も支持されたといえる。すなわち，facebookの利用頻度や態度，文化変数も，

国の違いによって異なるのである。

　さらに多重比較の結果は，図表11-6のとおりである。分析の結果，ネット操作力とネット・コミュニケーション力，そしてサイトに対する態度については，米国＞韓国＞日本であった。ネット懐疑志向とサイト利用頻度については，米国＞韓国・日本であった。つまり，ネット・リテラシーとサイト利用や態度については，おおむね，米国＞韓国＞日本の順に高いという結果が明らかになった。後に考察するように，ネット・リテラシーが，facebook利用の規定因になりうると考えれば，整合的な結果である。一方，相互協調的自己観を測定する文化変数については，韓国＞日本＞米国という順であった。

## 11-5　まとめ

　本章では，まずは第5の研究課題であるネット・リテラシー概念の尺度が，日本・米国・韓国のfacebookユーザーを対象にした国際的なデータの追試を通して，その信頼性と妥当性が確認され，その尺度の頑健性が明らかになった。

　その上で，第6の研究課題であるネット・リテラシーとサイト利用の国際比較が行われた。その結果，日本・米国・韓国のユーザーのネット・リテラシーとサイト利用や態度について，分散分析した結果，すべての項目において有意な差がみられた。さらに多重比較の結果は，ネット・リテラシーとサイト利用や態度については，おおむね，米国＞韓国＞日本の順に高いという結果が明らかになった。このことは，歴史的経緯や環境の違いによって，ネット・リテラシーやサイト利用が異なることを意味すると考えられる。一方，文化変数については，韓国＞日本＞米国という順であった。

# 第12章
# サイト離脱・継続者のネット・リテラシー国際比較調査

本章では，第7の研究課題であるサイト離脱者と継続者とのネット・リテラシーの比較の追試に関する5つの仮説を実証する。さらに，前章とはサンプルの範囲が異なるため，改めてネット・リテラシー概念の信頼性・妥当性の検証を行うこととなり，第5の研究課題の追試を再度実施することとなる。

## 12-1 研究方法

研究方法は，前章で説明したとおりである。前章との相違を言えば，前章のサンプルは，3つのネット・リテラシーやサイト利用の比較を行うために，中止者や離脱者を分析の対象から省いていた。しかし，離脱者と継続者との平均値の相違を検証するために離脱者を含めたサンプルを利用する。したがって，中止者やほとんどすでに利用していないと回答をした離脱者251サンプルと，facebookを現在も継続利用していると回答した2958サンプルを比較する。そのサンプル特性は図表12-1のようになる。

図表12-1 離脱者と継続者のサンプル特性

| 年齢 | 離脱者 | | | 継続者 | | |
|---|---|---|---|---|---|---|
| | 男性 | 女性 | 計 | 男性 | 女性 | 計 |
| 15～24歳 | 44 | 40 | 84 | 265 | 298 | 563 |
| 25～34歳 | 38 | 20 | 58 | 400 | 402 | 802 |
| 35～44歳 | 15 | 15 | 30 | 286 | 233 | 519 |
| 45～54歳 | 10 | 17 | 27 | 199 | 214 | 413 |
| 55～64歳 | 16 | 5 | 21 | 202 | 138 | 340 |
| 65歳以上 | 18 | 13 | 31 | 143 | 78 | 221 |
| 計 | 141 | 110 | 251 | 1495 | 1363 | 2958 |

（出所：著者作成）

## 12-2 尺度

　質問票で使用する尺度に関しては，ネット操作力，ネット・コミュニケーション力，ネット懐疑志向という3つのネット・リテラシー概念と，facebookのサイトに対する態度，サイトの利用頻度，文化変数を利用する。3つのネット・リテラシー概念は本論で開発された尺度を利用する。facebookのサイトに対する態度，サイトの利用頻度，文化変数についても，前章と同様のものを採用した。

　以下では，ネット・リテラシーを構成するネット操作力，ネット・コミュニケーション力，ネット懐疑志向の信頼性・妥当性の検証のため確認的因子分析を行った上で，離脱者と継続者との間での3つのネット・リテラシーの平均値の差の検定を行う。

## 12-3 信頼性と妥当性

　これらの尺度の評価として，構成概念の信頼性と妥当性を見ていく。まず，信頼性として，内部一貫性的信頼性を評価するため，クロンバックの$\alpha$係数を確認する。すべての$\alpha$係数は0.7以上であり，内部一貫性による信頼性は満足できる値を示している（図表12-2）。

　続いて，構成概念の妥当性として，一次元性，収束妥当性，弁別妥当性を構造方程式モデリング（SEM）による確認的因子分析によって確認する。まず，一次元性については，GFI = 0.94，AGFI = 0.92，CFI = 0.95，RMSEA = 0.066となり，モデルの適合度が高いことを示しており，その妥当性が確認された（図表12-3）。

　収束妥当性については，それぞれの構成概念に対して，すべての項目の標準化係数（因子負荷量）が有意であり，かつ1項目を除いて0.5以上を超えていることで，その妥当性が確認された（Hair et al. 2006）。さらに，AVE（Average Variance Explained）を確認する（図表12-4）。すべての構成概念において0.5以上を超えていることから基準を満たしているといえる

**図表 12-2　ネット・リテラシー概念一覧**

| 構成概念 | 項目 | 平均値 | 標準偏差 | 信頼性 α |
|---|---|---|---|---|
| ネット操作力 | ・自分はインターネットを使うことに精通している | 5.19 | 1.29 | 0.87 |
| | ・自分はインターネットで情報を探すことに関して知識が深いと思う | 5.25 | 1.28 | |
| | ・インターネットで必要な情報を探すことができる | 5.67 | 1.08 | |
| | ・インターネット情報の真偽が判断できる | 4.85 | 1.17 | |
| ネット・コミュニケーション力 | ・インターネットで，新しい知り合いを作ることができる | 4.81 | 1.45 | 0.91 |
| | ・インターネットで，見知らぬ人とのコミュニケーションを待つようにしている | 4.66 | 1.62 | |
| | ・インターネットで，積極的にコミュニケーションを行うことができる | 4.81 | 1.50 | |
| ネット懐疑志向 | ・概して，インターネットの情報は，それに関連する危険性の本当の姿を表せていない | 4.79 | 1.21 | 0.72 |
| | ・インターネットで伝えられるメッセージは，現実を表していない | 4.26 | 1.15 | |
| | ・ほとんどのネット情報で示されることは，現実的ではない | 3.94 | 1.19 | |
| サイト態度 | ・facebook の機能に満足している | 4.87 | 1.50 | 0.90 |
| | ・facebook は，安心して閲覧できる | 4.73 | 1.54 | |
| | ・facebook は，暇つぶしに最適だ | 4.61 | 1.594 | |
| | ・他のウェブサイトに比べた場合，facebook は優れていると思う | 4.55 | 1.57 | |
| 文化変数 | ・わたしにとって幸せとは自分の属するグループの皆が幸せだということだ | 3.94 | 1.52 | 0.74 |
| | ・わたしは皆といるときは，誰かの気を悪くしないよう発言に気をつける | 4.84 | 1.35 | |
| | ・わたしは皆の期待に沿うように振舞うほうだ | 4.4 | 1.38 | |
| 性別 | ・性別を教えてください | - | - | - |
| 年齢 | ・年齢を教えてください | 38.98 | 15.24 | - |

（出所：著者作成）

## 図表 12-3　ネット・リテラシーの確認的因子分析（$n = 3109$）

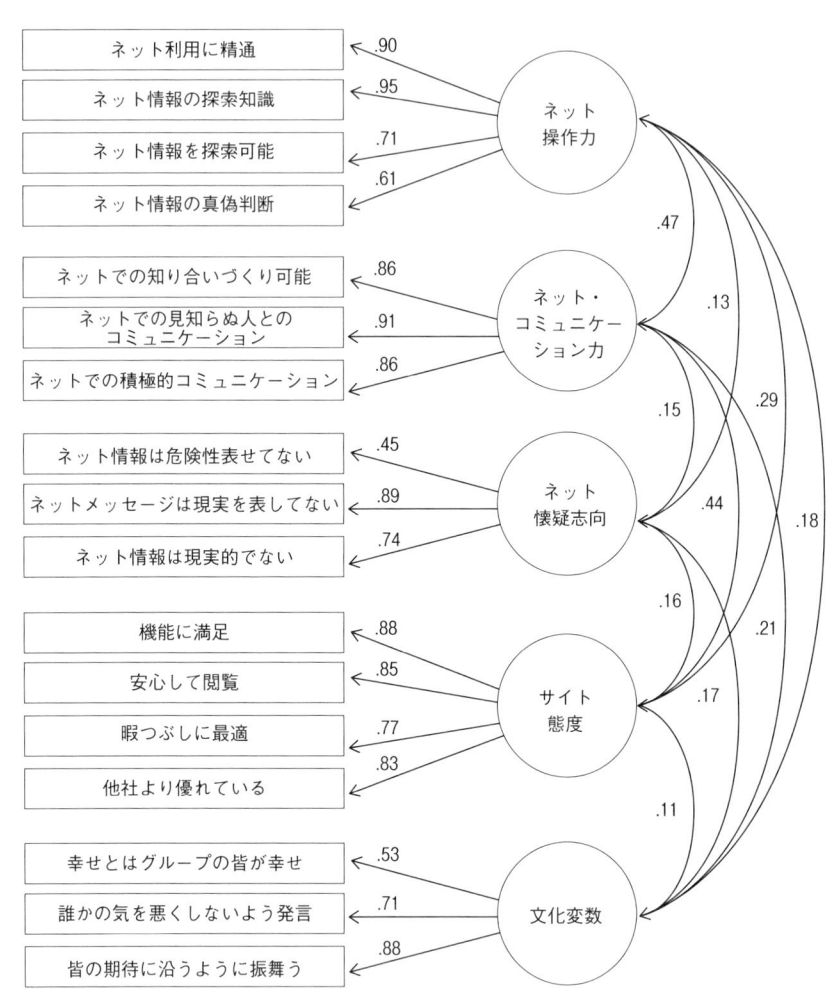

観測変数と因子負荷量：

**ネット操作力**
- ネット利用に精通 .90
- ネット情報の探索知識 .95
- ネット情報を探索可能 .71
- ネット情報の真偽判断 .61

**ネット・コミュニケーション力**
- ネットでの知り合いづくり可能 .86
- ネットでの見知らぬ人とのコミュニケーション .91
- ネットでの積極的コミュニケーション .86

**ネット懐疑志向**
- ネット情報は危険性表せてない .45
- ネットメッセージは現実を表してない .89
- ネット情報は現実的でない .74

**サイト態度**
- 機能に満足 .88
- 安心して閲覧 .85
- 暇つぶしに最適 .77
- 他社より優れている .83

**文化変数**
- 幸せとはグループの皆が幸せ .53
- 誰かの気を悪くしないよう発言 .71
- 皆の期待に沿うように振舞う .88

因子間相関：
- ネット操作力 ― ネット・コミュニケーション力 .47
- ネット操作力 ― ネット懐疑志向 .13
- ネット操作力 ― サイト態度 .29
- ネット操作力 ― 文化変数 .18
- ネット・コミュニケーション力 ― ネット懐疑志向 .15
- ネット・コミュニケーション力 ― サイト態度 .44
- ネット・コミュニケーション力 ― 文化変数 .21
- ネット懐疑志向 ― サイト態度 .16
- ネット懐疑志向 ― 文化変数 .17
- サイト態度 ― 文化変数 .11

$\chi^2 = 1566.8$　d.f. $= 109$　$p < .001$　GFI $= 0.94$　AGFI $= 0.92$　CFI $= 0.95$　RMSEA $= 0.066$
誤差変数は削除．数字は標準化係数と相関係数．
（出所：著者作成）

**図表 12-4　構成概念の AVE と概念間の相関係数**

| 構成概念 | AVE | a | b | c | d | e |
|---|---|---|---|---|---|---|
| ネット操作力(a) | .647 | – | – | – | – | – |
| ネット・コミュニケーション力(b) | .768 | .467 | – | – | – | – |
| ネット懐疑志向(c) | .514 | .132 | .153 | – | – | – |
| サイト態度(d) | .693 | .289 | .440 | .157 | – | – |
| 文化変数(e) | .53 | .179 | .213 | .170 | .110 | – |

(出所：著者作成)

(Fornell and Larcher 1981)。

弁別妥当性については，それぞれの構成概念の AVE が，構成概念間の相関係数の平方を上回っていることから，その妥当性が確認できた（Fornell and Larcker 1981)。

このことから，ネット・リテラシーの3つの概念の質問項目がそれぞれの構成概念に収束し3つの概念が弁別され識別されていることが確認できたといえる。

## 12-4　分析結果

ネット・リテラシー概念やサイト態度，文化変数について，それぞれ離脱者と継続者とのグループ間での平均値の差の検定を行った（図表12-5参照）。その結果，ネット操作力（離脱者平均 = 5.02，継続者平均 = 5.26）とネット・コミュニケーション力（離脱者平均 = 3.98，継続者平均 = 4.83），ネット懐疑志向（離脱者平均 = 4.17，継続者平均 = 4.35），そしてfacebookへの態度（離脱者平均 = 3.29，継続者平均 = 4.82）に関して離脱者に比べて継続者の平均値が有意に高かった。一方，文化変数（離脱者平均 = 4.40，継続者平均 = 4.39）は有意な差があるとはいえなかった。

その結果，仮説 13（H13: facebook 継続者は，facebook 離脱者に比べて，ネット操作力の平均値が有意に高い）と仮説 14（H14: facebook 継続者は，facebook 離脱者に比べて，ネット・コミュニケーション力の平均値が有意に高い），そして仮説 15（H15: facebook 継続者は，facebook 離脱者に比べ

図表 12-5　離脱者と継続者との比較

|  | 離脱者<br>($n = 251$)<br>平均 | 継続者<br>($n = 2858$)<br>平均 | $t$ 値 |
|---|---|---|---|
| ネット操作力 | 5.02 | 5.26 | 3.604*** |
| ネット・コミュニケーション力 | 3.98 | 4.83 | 8.464*** |
| ネット懐疑志向 | 4.17 | 4.35 | 2.868** |
| サイト態度 | 3.29 | 4.82 | 17.891*** |
| 文化変数 | 4.40 | 4.39 | -0.142 |

+ $p<.10$, * $p<.05$, ** $p<.01$, *** $p<.001$
(出所：著者作成)

て，ネット懐疑志向の平均値が有意に高い）は支持されたといえる。

つまり，ネット・コミュニケーション力が継続者と離脱者の相違，すなわち，サービスを継続するか否かという判断それ自体に影響する要因になると推測できることは mixi の結果と同じだが，facebook では mixi とは違い，残りのふたつのすべてのリテラシーが，継続要因になると考えられる。

さらに，仮説 16（H16: facebook 継続者は，facebook 離脱者に比べて，facebook への態度の平均値が有意に高い）は支持されたといえる。すなわち，当然のこととでもいえるがサイトへの態度が低いと，離脱要因となるということである。

一方，仮説 17（H17: facebook 継続者は，facebook 離脱者に比べて，文化変数の平均値に有意に高い）は棄却されたといえる。文化変数は，継続要因にはなってなかった。

## 12-5　まとめ

本章では，第7の研究課題であるサイト離脱者と継続者とのネット・リテラシーの比較の追試に関する5つの仮説を実証してきた。

継続者は，離脱者に比べて，3つのネット・リテラシー，サイト態度が有意に高かった。これらの結果は，国内調査の結果と異なるものとなった。すなわち，facebook は，mixi に比べて，より一層のリテラシーを必要とする

ソーシャルメディアということもできる。つまり，そもそも仮説の前提においた facebook の利用に関しては，国内外にとどまらない参加者の増大によってコンテンツとその不確実性が増すことで一層のリテラシーが求められるということがいえる可能性をもつ。

　さらに，本章では，前章とはサンプルの範囲が異なるため，改めてネット・リテラシー概念の追試ができ，その信頼性・妥当性が改めて確認された。

# 第 13 章
# ネット・リテラシーと利用頻度・態度の国際調査

　本章では，第8の研究課題である3つのネット・リテラシーとサイト利用頻度やサイト態度に関するふたつの仮説を検証することとする。以下では，はじめにサイト利用頻度への影響を確認し，続いてサイト態度への影響の確認を行う。

## 13-1　研究方法

　研究方法は，第11章で説明したとおりである。同様に本章でも，3つのネット・リテラシーと利用頻度や態度との関係を明らかにするために，中止者や離脱者を分析の対象から省いた，日米韓のfacebook継続ユーザーの2857サンプルを利用して分析を進める。

## 13-2　尺度

### 独立変数

　独立変数は，ネット・コミュニケーション力，ネット懐疑志向，ネット操作力とそれらの積となる交互作用項である。これら3つのネット・リテラシー概念は本書で開発された尺度を利用する。なお，主効果の変数と交互作用項との多重共線性の問題を抑えるため，各変数はセンタリング（平均値からの偏差にする）して利用する（Aiken and West 1991）。

### 従属変数

　従属変数は，サイトの利用頻度とサイトへの態度となる。これらの構成概念あるいは変数についても，第11章と同様のものを採用した。

### 図表13-1 サイト利用頻度への影響（重回帰分析）

| | モデル1 標準化係数β(t値) | モデル2 標準化係数β(t値) | モデル3 標準化係数β(t値) |
|---|---|---|---|
| ネット操作力 | .093 (4.629)*** | .099 (4.808)*** | .098 (4.733)*** |
| ネット・コミュニケーション力 | .136 (6.393)*** | .136 (6.352)*** | .135 (6.319)*** |
| ネット懐疑志向 | -.014 (-.764) | -.019 (-1.021) | -.025 (-1.190) |
| 日本 | .043 (2.031)* | .040 (1.901)+ | .039 (1.875)+ |
| 米国 | .357 (15.188)*** | .354 (14.964)*** | .354 (14.964)*** |
| 性別 | -.031 (-1.752)+ | -.030 (-1.726)+ | -.030 (-1.726)+ |
| 年齢 | -.109 (-5.595)*** | -.105 (-5.362)*** | -.106 (-5.380)*** |
| 文化変数 | .051 (2.630)** | .049 (2.546) | .047 (2.416)** |
| 操作×コミュニケーション | ― | .012 (.664) | .015 (.789) |
| 操作×懐疑 | ― | .000 (.007) | .004 (.176) |
| コミュニケーション×懐疑 | ― | .026 (1.135) | .025 (1.089) |
| 操作×コミュニケーション×懐疑 | ― | ― | .014 (.618) |
| 自由度調整済み決定係数 $R^2$ (F値) | .162 (70.013)*** | .162 (51.220)*** | .162 (46.974)*** |

+ $p<.10$, * $p<.05$, ** $p<.01$, *** $p<.001$
（出所：著者作成）

### コントロール変数

コントロール変数としては，文化変数，性別，年齢，国を利用した。文化変数，性別，年齢については，第11章と同様のものを採用した。国の変数

については，日本かどうか（日本：1，日本以外：0），米国かどうか（米国：1，米国以外：0）のダミー変数を利用した。

**信頼性と妥当性**

これらの尺度の評価である構成概念の信頼性と妥当性については，すでに第11章で確認したように，いずれも満足できる値を示している。

## 13-3 サイト利用頻度への影響の分析結果

### 3要因の交互作用

サイト利用頻度へのネット・リテラシーの影響を検証するため，3つのモデルを想定して階層的重回帰分析を行う。モデル1は，交互作用項を含まないモデルであり，モデル2は2要因の交互作用項を含むモデルであり，モデル3は3要因の交互作用項を含むモデルとなる。

分析の結果，図表13-1のとおり，モデル1の当てはまりの良さを示す自由度調整済み決定係数は0.162となり，その妥当性も有意であった（$p < .001$）。次のモデル2の当てはまりの良さを示す自由度調整済み決定係数は0.162となり，その妥当性も有意であった（$p < .001$）。だが，モデル1からモデル2への自由度調整済み決定係数の変化量は有意ではなく（$p = .352$），モデルの説明力は向上していない。最後のモデル3の当てはまりの良さを示す自由度調整済み決定係数は0.162となり，その妥当性も有意であった（$p < .001$）。だが，モデル2からモデル3への自由度調整済み決定係数の変化量も有意ではなく（$p = .537$），モデルの説明力は向上していない。さらに，モデル2，3の交互作用項はすべて有意ではない。つまり，ネット・コミュニケーション力，ネット懐疑志向，ネット操作力の3要因は，サイト閲覧頻度に対して交互作用効果をもつとはいえない。

すべてのモデルにおいて，ネット操作力は，サイト利用頻度に対して有意な影響があるといえる（モデル1：$\beta = .093$，$p < .001$，モデル2：$\beta = .099$，$p < .001$，モデル3：$\beta = .098$，$p < .001$）。ネット・コミュニケーション力

図表 13-2 サイト態度への影響（重回帰分析）

| | モデル1 標準化係数 β(t値) | モデル2 標準化係数 β(t値) | モデル3 標準化係数 β(t値) |
|---|---|---|---|
| ネット操作力 | .098 <br> ( 5.247)*** | .102 <br> ( 5.364)*** | .097 <br> (5.061)*** |
| ネット・コミュニケーション力 | .245 <br> ( 12.247)*** | .242 <br> (12.189)*** | .239 <br> (12.057)*** |
| ネット懐疑志向 | -.003 <br> ( -.156) | .002 <br> ( .092) | -.027 <br> (-1.384) |
| 日本 | -.045 <br> ( -2.322)* | -.050 <br> (-2.564) | -.053 <br> (-2.698)** |
| 米国 | .317 <br> ( 14.519)*** | .312 <br> (14.230)*** | .312 <br> (14.246)*** |
| 性別 | -.081 <br> (-4.978)*** | -.079 <br> (-4.900)*** | -.079 <br> (-4.865)*** |
| 年齢 | -.004 <br> ( -.240) | -.002 <br> ( -.113) | -.004 <br> ( -.232) |
| 文化変数 | .140 <br> ( 7.843)*** | .138 <br> ( 7.686)*** | .128 <br> ( 7.087)*** |
| 操作×コミュニケーション | — | .041 <br> ( 2.377)* | .055 <br> ( 3.071)** |
| 操作×懐疑 | — | -.054 <br> (-2.437)* | -.033 <br> (-1.456) |
| コミュニケーション×懐疑 | — | .040 <br> ( 1.874)+ | .035 <br> ( 1.641) |
| 操作×コミュニケーション×懐疑 | — | — | .067 <br> ( 3.263)** |
| 自由度調整済み決定係数 $R^2$ (F値) | .278 <br> (138.358)*** | .280 <br> (101.820)*** | .282 <br> (94.539)*** |

+ $p<.10$, * $p<.05$, ** $p<.01$, *** $p<.001$
（出所：著者作成）

も，サイト利用頻度に対して有意な影響があるといえる（モデル1：$\beta$ = .136，$p<.001$，モデル2：$\beta$ = .136，$p<.001$，モデル3：$\beta$ = .135，$p<.001$）。一方，ネット懐疑志向は，サイト利用頻度に有意な影響があるとはいえない。

その結果，仮説18（H18：ネット・コミュニケーション力，ネット懐疑志向，ネット操作力の3要因は，サイト利用頻度に対して交互作用効果をもつ）は支持されたといえない。ネット・コミュニケーション力とネット操作力が，サイト利用頻度の規定因となっているといえる。この結果は，国内調査のmixiの分析結果と同様であった。

## 13-4　サイト態度への影響の分析結果

### 3要因の交互作用

　サイト態度へのネット・リテラシーの影響を検証するため，3つのモデルを想定して階層的重回帰分析を行う。モデル1は，交互作用項を含まないモデルであり，モデル2は2要因の交互作用項を含むモデルであり，モデル3は3要因の交互作用項を含むモデルとなる。

　分析の結果，図表13-2のとおり，モデル1の当てはまりの良さを示す自由度調整済み決定係数は0.278となり，その妥当性も有意であった（$p<.001$）。次のモデル2の当てはまりの良さを示す自由度調整済み決定係数は0.280となり，その妥当性も有意であった（$p<.001$）。モデル1からモデル2への自由度調整済み決定係数の変化量は有意であり（$p<.001$），モデルの説明力は向上している。最後のモデル3の当てはまりの良さを示す自由度調整済み決定係数は0.282となり，その妥当性も有意であった（$p<.001$）。モデル2からモデル3への自由度調整済み決定係数の変化量は有意であり（$p<.001$），モデルの説明力は向上している。そのため，モデル3を採用し分析を進める。

　モデル3では，3要因の交互作用項の標準化係数が0.067となり有意であった（$p<.01$）。その結果，仮説19（H18：ネット・コミュニケーション力，ネット懐疑志向，ネット操作力の3要因は，サイト態度に対して交互作用効果をもつ）は支持されたといえる。つまり，ネット・リテラシーの3要因は，サイト態度に対して交互作用効果をもつといえる。

## 単純傾斜の検定

 3要因の交互作用が認められたので，以下では下位検定として，単純傾斜の検定と単純交互作用効果の検定を行う。

 まずは単純傾斜の検定により，3要因それぞれの単純効果を確認する。2要因（モデレター）を高低に場合分けをして，重回帰分析を行い1要因の偏回帰係数 $B$ が有意かどうかを確認する（Aiken and West1991）。モデレターの高低は，平均±1標準偏差を利用する（Cohen and Cohen1983）。

 最初に，ネット・コミュニケーション力の単純効果を確認する。ネット操作力と，ネット懐疑志向の高低の場合分けをして，重回帰分析を行いネット・コミュニケーション力の偏回帰係数が有意かどうかを検定する。分析の結果，いずれの場合においても，ネット・コミュニケーション力は，サイト態度に影響するといえる。まず，ネット操作力が高く，ネット懐疑志向も高い場合は，ネット・コミュニケーション力はサイト態度に影響するといえる（$B = .32$, $SE = .03$, $p < .001$）。ネット操作力が高く，ネット懐疑志向が低い場合は，ネット・コミュニケーション力はサイト態度に影響するといえる（$B = .22$, $SE = .03$, $p < .001$）。ネット操作力が低く，ネット懐疑志向が高い場合は，ネット・コミュニケーション力はサイト態度に影響するといえる（$B = .19$, $SE = .03$, $p < .001$）。ネット操作力が低く，ネット懐疑志向が低い場合は，ネット・コミュニケーション力はサイト態度に影響するといえる（$B = .18$, $SE = .03$, $p < .001$）。

 続いてに，ネット操作力の単純効果を確認する。ネット・コミュニケーション力とネット懐疑志向の高低の場合分けをして，重回帰分析を行いネット操作力の偏回帰係数 $B$ が有意かどうかを検定する。分析の結果，ネット・コミュニケーション力とネット懐疑志向が共に低い場合以外は，ネット操作力はサイト態度に影響するといえる。まず，ネット・コミュニケーション力が高く，ネット懐疑志向が高い場合は，ネット操作力はサイト態度に影響するといえる（$B = .181$, $SE = .04$, $p < .001$）。ネット・コミュニケーション力が高く，ネット懐疑志向が低い場合は，ネット操作力はサイト態度に影響

するといえる（$B = .177$, $SE = .04$, $p = <.001$）。ネット・コミュニケーション力が低く，ネット懐疑志向が高い場合，ネット操作力はサイト態度に影響するといえる（$B = .19$, $SE = .03$, $p < .001$）。ネット・コミュニケーション力が低く，ネット懐疑志向が低い場合，ネット操作力はサイト態度に影響するとはいえない（$B = .001$, $SE = .04$, $p = .981$）。

最後に，ネット懐疑志向の単純効果を確認する。ネット・コミュニケーション力とネット操作力の高低の場合分けをして，重回帰分析を行いネット懐疑志向の偏回帰係数 $B$ が有意かどうかを検定する。分析の結果，ネット・コミュニケーション力が低く，ネット操作力が高い場合のみ，ネット懐疑志向はサイト態度に負の影響を与えるといえる。まず，ネット・コミュニケーション力が高く，ネット操作力が高い場合は，ネット懐疑志向はサイト態度に影響するとはいえない（$B = .005$, $SE = .03$, $p = .867$）。ネット・コミュニケーション力が高く，ネット操作力が低い場合は，ネット懐疑志向はサイト態度に影響するとはいえない（$B = .000$, $SE = .06$, $p = .998$）。ネット・コミュニケーション力が低く，ネット操作力が高い場合は，ネット懐疑志向はサイト態度に負の影響を与える（$B = -.145$, $SE = .05$, $p < .01$）。ネット・コミュニケーション力が低く，ネット操作力が低い場合は，ネット懐疑志向はサイト態度に影響するとはいえない（$B = -.006$, $SE = .03$, $p = .865$）。

**単純交互作用**

次に，2要因の単純交互作用効果を確認する。1要因（モデレター）を高低に場合分けをして，重回帰分析を行い，2要因の交互作用項の偏回帰係数 $B$ が有意かどうかを確認する。モデレターの高低は，平均±1標準偏差を利用する（Cohen and Cohen1983）。

最初に，ネット・コミュニケーション力×ネット操作力の単純交互作用効果を確認する。ネット懐疑志向の高低の場合分けをして，重回帰分析を行いネット・コミュニケーション力×ネット操作力の交互作用項の偏回帰係数 $B$

が有意かどうかを検定する。分析の結果，ネット懐疑志向の高い場合のみ，2要因の単純交互作用効果がみられる。ネット懐疑志向が高い場合は，ネット・コミュニケーション力×ネット操作力の単純交互作用効果はあるといえるが（$B = .066$, $SE = .02$, $p < .001$），ネット懐疑志向が低い場合は，ネット・コミュニケーション力×ネット操作力の単純交互作用効果はあるとはいえない（$B = .017$, $SE = .01$, $p = .221$）。

次に，ネット・コミュニケーション力×ネット懐疑志向の単純交互作用効果を確認する。ネット操作力の高低の場合分けをして，重回帰分析を行いネット・コミュニケーション力×ネット懐疑志向の交互作用項の偏回帰係数 $B$ が有意かどうかを検定する。分析の結果，ネット操作力の高い場合のみ，2要因の単純交互作用効果がみられる。ネット操作力が高い場合は，ネット・コミュニケーション力×ネット懐疑志向の単純交互作用効果はあるといえるが（$B = .055$, $SE = .02$, $p < .01$），ネット操作力が低い場合は，ネット・コミュニケーション力×ネット懐疑志向の単純交互作用効果はあるとはいえない（$B = .002$, $SE = .02$, $p = .913$）。

最後に，ネット操作力×ネット懐疑志向の単純交互作用効果を確認する。ネット・コミュニケーション力の高低の場合分けをして，重回帰分析を行いネット操作力×ネット懐疑志向の交互作用項の偏回帰係数 $B$ が有意かどうかを検定する。分析の結果，ネット・コミュニケーション力の低い場合のみ，2要因の負の単純交互作用効果がみられる。ネット・コミュニケーション力が高い場合は，ネット操作力×ネット懐疑志向の単純交互作用効果はあるとはいえないが（$B = .002$, $SE = .03$, $p = .934$），ネット・コミュニケーション力が低い場合は，ネット操作力×ネット懐疑志向の単純交互作用のマイナスの効果があるといえる（$B = -.068$, $SE = .02$, $p < .01$）。

## 13-5　まとめ

本章では，第8の研究課題をうけて，3つのネット・リテラシーがサイト利用頻度やサイト態度に対して交互作用効果をもつという仮説を検証してき

た。その結果，サイト利用頻度に対しては，3要因の交互作用効果はなく，仮説18（H18：ネット・コミュニケーション力，ネット懐疑志向，ネット操作力の3要因は，サイト利用頻度に対して交互作用効果をもつ）は棄却された。しかし，ネット・コミュニケーション力とネット操作力がサイト利用頻度に影響を与えていることが明らかになった。この結果は，第8章でのmixiでの分析結果と整合性がとれている。つまり，ネットで情報を探しだす能力が高いか，ネットで見知らぬ人とコミュニケーションできる能力が高いと，利用頻度は高くなるということだ。一方，ネット情報での懐疑的な見方は，利用頻度に影響していなかった。

次に，サイト態度に対しては，3要因が交互作用効果をもつことが明らかになり，仮説19（H19：ネット・コミュニケーション力，ネット懐疑志向，ネット操作力の3要因は，サイト態度に対して交互作用効果をもつ）は支持された。なお，ネット・コミュニケーション力の高さは，他の2要因の水準に関係なく，サイト態度に単純効果をもつ。ネット操作力の高さも他の2要因が共に低い以外は，単純効果をもつ。だが，ネット懐疑志向の高さは，その要因だけでは影響を与えず，ネット操作力が高く，ネット・コミュニケーションが低いと，負の効果をもつ。さらに，ネット懐疑志向の高い場合は，他の2要因の単純交互作用効果がみられる。同様にネット操作力の高い場合も，他の2要因の単純交互作用効果がみられる。だが，ネット・コミュニケーション力の低い場合は，他の2要因の負の単純交互作用効果がみられる。

つまり，3つのリテラシーが高いと，サイト態度を高める。あるいはネット・コミュニケーション力が高いと，サイト態度を高める。だが，ネット操作力あるいはネット懐疑志向が高くても，ネット・コミュニケーション力が低いと，サイト態度を低くしてしまうのである。

# 終章

　本研究では，ソーシャルメディア利用の規定因となりうる，ユーザーのネットに関わる能力であるネット・リテラシーを明らかにすることを目的にし，3部構成で研究を進めてきた。まず，第Ⅰ部では関連研究の先行研究レビューを行った上で，理論課題を設定し，続く第Ⅱ部の国内調査では，予備調査やデプスインタビューによる探索的調査を通して，仮説構築を行ない，質問票調査による検証的調査を実施してきた。第Ⅲ部の国際調査では，国内調査を通して生まれた新たな仮説を設定し，質問票調査による検証的調査を実施してきた。

　以下では第Ⅲ部の国際調査での研究成果のまとめを行った上で，本研究全体を通しての理論的・実践的貢献，そして今後の研究課題を明らかにし，本研究のまとめとする。なお，第Ⅱ部の国内調査のまとめは，第9章を参照のこと。

## 終-1　研究成果

　では，第Ⅲ部の国際調査の研究成果として，4つの研究課題に基づいてその仮説や結果，さらには考察のまとめを行う（図表終-1参照）。

### 終-1-1　ネット・リテラシー概念尺度の国際的追試

　まず，第5の研究課題は，ネット・リテラシー概念の尺度の追試であった。ネット・リテラシー概念の尺度開発（研究課題2）について，国際的なデータを通して追試をしてきた。日本・米国・韓国のfacebookユーザーへの質問票調査により追試が行われ，ネット・リテラシー概念の妥当性・信頼性の確認が行われた。サンプル範囲が変わったため，結果的に2回の国際的な追

### 図表終-1　第Ⅰ部の研究課題・仮説と結果

| 研究課題・仮説 | 結果 |
| --- | --- |
| 研究課題5　ネット・リテラシー概念尺度の国際的追試 | 支持 |
| 研究課題6　ネット・リテラシーとサイト利用の国際比較 | |
| 　H7: ネット操作力の平均値は，国の違いによって有意な差がある | 支持 |
| 　H8: ネット・コミュニケーション力の平均値は，国の違いによって有意な差がある | 支持 |
| 　H9: ネット懐疑志向の平均値は，国の違いによって有意な差がある | 支持 |
| 　H10: facebook 利用頻度の平均値は，国の違いによって有意な差がある | 支持 |
| 　H11: facebook への態度の平均値は，国の違いによって有意な差がある | 支持 |
| 　H12: 文化変数の平均値は，国の違いによって有意な差がある | 支持 |
| 研究課題7　サイト離脱者と継続者のネット・リテラシー比較の追試 | |
| 　H13: facebook 継続者は，facebook 離脱者に比べて，ネット操作力の平均値が有意に高い | 支持 |
| 　H14: facebook 継続者は，facebook 離脱者に比べて，ネット・コミュニケーション力の平均値が有意に高い | 支持 |
| 　H15: facebook 継続者は，facebook 離脱者に比べて，ネット懐疑志向の平均値が有意に高い | 支持 |
| 　H16: facebook 継続者は，facebook 離脱者に比べて，facebook への態度の平均値が有意に高い | 支持 |
| 　H17: facebook 継続者は，facebook 離脱者に比べて，文化変数の平均値が有意に高い | 棄却 |
| 研究課題8　ネット・リテラシーとサイト利用頻度と態度へ影響の検証 | |
| 　H18: ネット・コミュニケーション力，ネット懐疑志向，ネット操作力の3要因は，サイト利用頻度に対して交互作用効果をもつ | 棄却 |
| 　H19: ネット・コミュニケーション力，ネット懐疑志向，ネット操作力の3要因は，サイト態度に対して交互作用効果をもつ | 支持 |

(出所：著者作成)

試が実施されたが，2回ともその妥当性・信頼性は満足できる値を示しており，3つのネット・リテラシー概念尺度の頑健性が明らかとなった。

### 終-1-2　ネット・リテラシーとサイト利用の国際比較

次に，第6の研究課題としては，ネット・リテラシーとサイト利用の国際比較を試みた。その結果，日本・米国・韓国のユーザーのネット・リテラ

シーとサイト利用や態度について，分散分析した結果，すべての項目において有意な差がみられた。仮説7（H7: ネット操作力の平均値は，国の違いによって有意な差がある）と仮説8（H8: ネット・コミュニケーション力の平均値は，国の違いによって有意な差がある），そして仮説9（H9: ネット懐疑志向の平均値は，国の違いによって有意な差がある）は支持されたといえる。すなわち，ネット・リテラシーは，国の違いによって異なっていたのである。

仮説10（H10: facebook 利用頻度の平均値は，国の違いによって有意な差がある）と仮説11（H11: facebook への態度の平均値は，国の違いによって有意な差がある），そして仮説12（H12: 文化変数の平均値は，国の違いによって有意な差がある）も支持されたといえる。すなわち，facebook の利用頻度や態度，文化変数も，国の違いによって異なるのである。

さらに多重比較の結果は，ネット・リテラシーとサイト利用や態度については，おおむね，米国＞韓国＞日本の順に高いという結果が明らかになった。このことは，歴史的経緯や環境の違いによって，ネット・リテラシーやサイト利用が異なることを意味すると考えられる。一方，文化変数については，韓国＞日本＞米国という順であった。

### 終-1-3 サイト離脱者と継続者のネット・リテラシー比較の追試

第7の研究課題として，サイト離脱者と継続者のネット・リテラシーの比較の追試が行われた。サイト離脱者と継続者のネット・リテラシーの比較（研究課題3）について，国際的なデータを通して追試が実施された。ネット・リテラシー概念やサイト態度，文化変数について，それぞれ離脱者と継続者とのグループ間での平均値の差の検定を行った結果，仮説13（H13: facebook 継続者は，facebook 離脱者に比べて，ネット操作力の平均値が有意に高い）と仮説14（H14: facebook 継続者は，facebook 離脱者に比べて，ネット・コミュニケーション力の平均値が有意に高い），仮説15（H15: facebook 継続者は，facebook 離脱者に比べて，ネット懐疑志向の平均値が

有意に高い）は支持されたといえる。

　つまり，ネット・ミュニケーション力が継続者と離脱者の相違，すなわち，サービスを継続するか否かという判断それ自体に影響する要因になると推測できることは mixi の結果と同じだが，facebook では mixi とは違い，残りふたつのすべてのリテラシーが，継続要因になると考えられる。

　さらに，仮説 16（H16: facebook 継続者は，facebook 離脱者に比べて，facebook への態度の平均値が有意に高い）は支持されたといえる。すなわち，サイトへの態度が低いと，離脱要因となるということである。一方，仮説 17（H17:facebook 継続者は，facebook 離脱者に比べて，文化変数の平均値が有意に高い）は棄却されたといえる。文化変数は，継続要因にはなってなかった。

### 終-1-4　ネット・リテラシーの利用頻度や態度への影響

　第 8 の研究課題としては，ネット・リテラシーのサイト利用頻度とサイト態度への影響の検証である。これは，第 4 の研究課題であるネット・リテラシーのサイト利用頻度への影響の検証や mixi の歴史的事例研究を通して，具象化された課題である。ネット・リテラシーを構成する要因が交互作用効果をもち，サイト利用頻度とサイト態度へ影響を与える可能性が検討された。

　その結果，サイト利用頻度に対しては，3 要因の交互作用効果はなく，仮説 18（H18：ネット・コミュニケーション力，ネット懐疑志向，ネット操作力の 3 要因は，サイト利用頻度に対して交互作用効果をもつ）は棄却された。しかし，ネット・コミュニケーション力とネット操作力が，それぞれサイト利用頻度に影響を与えていることが明らかになった。この結果は，第 8 章での mixi の分析結果と整合性がとれている。つまり，ネットで情報を探しだす能力が高いか，ネットで見知らぬ人とコミュニケーションできる能力が高いと，利用頻度は高くなるということである。一方，ネット情報での懐疑的な見方は，利用頻度に影響していなかった。

　次に，サイト態度に対しては，3 要因が交互作用効果をもつことが明らか

になり，仮説19（H19：ネット・コミュニケーション力，ネット懐疑志向，ネット操作力の3要因は，サイト態度に対して交互作用効果をもつ）は支持された。つまり，3つのリテラシーが高いと，サイト態度を高めることが明らかになった。あるいは，ネット・コミュニケーション力が高いと，他のふたつのリテラシーが低くくてもサイト態度を高める。だが，ネット操作力あるいはネット懐疑志向が高くても，ネット・コミュニケーション力が低いと，サイト態度を低くしてしまうのであった。

## 終-2　全体のまとめ

　最後に，研究全体を通しての成果を整理する。本研究で明らかになったことは，3つのネット・リテラシすべてが高いことが，ソーシャルメディア利用の規定因となりうるということである。サイトの利用を継続させ，サイトの利用頻度を高め，サイトへの態度も高めるというのである。

　それら3つの中でも，ウェブ上で見知らぬ人々と積極的に関わるという，そもそもソーシャルメディアの根源的な主目的に関連するリテラシーともいえる，ネット・コミュニケーション力がとりわけ重要である。このリテラシーの高さが，ユーザーにサイトの利用頻度を高めたり，サイト態度を高めたり，サイトを離反させない規定因となっているからだ。この特徴は，国内調査のmixi，国際調査のfacebookにおいても同様であった。そうした意味では，こうした未知なる人々とのコミュニケーションをサポートすることが，ソーシャルメディアの活性化，あるいは延命化の重要なカギとなりうる。

　一方，ネットの操作やネットで適切な情報を見いだせるという，ネット操作力はサイト利用頻度の規定因とはなるが，サイトによっては必ずしも継続の規定因にはなっていない。さらに，いくらネット操作力が高くても，ネット・コミュニケーション力が低いと，サイト態度を低くしてしまい，長期的には離脱をもたらす可能性をもつ。つまり，ネット操作力は，ネット・コミュニケーション力にモデレートされていて，単体では態度に影響を与えないのだ。

ネット上の情報を懐疑的にみるという，ネット懐疑志向は，利用頻度には影響を与えず，サイトによっては継続利用の規定因にもなっていなかった。さらにネット操作力と同じく，いくらネット懐疑志向が高くても，ネット・コミュニケーション力が低いと，サイト態度を低くしてしまい，長期的には離脱をもたらす可能性をもつ。つまり，ネット懐疑志向も，ネット・コミュニケーション力にモデレートされていて，単体では態度に影響を与えない。

さらに，大事なことは歴史的な事例分析から確認できたように，サイトや環境の状況やその変化が，ユーザーのリテラシーに影響を与える可能性をもつということである。その結果，3つのリテラシーのバランスが崩れると，利用頻度は高くても，サイト態度にはつながらず，いずれは離反行動を引き起こすかもしれないということである。ソーシャルメディアの先行研究でみたサイトの栄枯盛衰は，こうしたネット・リテラシーの特性が引き起こした可能性があるのだ。

## 終-3　理論的・実践的貢献と今後の課題

理論的貢献としては，大きく2点が挙げられる。ひとつは，ソーシャルメディア研究に対しての貢献である。これまで，ソーシャルメディアが歴史的に発展していく中，ソーシャルメディアについての多くの研究が行われ，サイトの特性や，そこでのユーザーの活動が考察されてきた。だが，ネット・コミュニティ自体の発展と，その中でのユーザーたちの活動の相互的な関係については，あまり焦点が当てられてこなかった。本研究における多くの成果は，ネット・コミュニティの利用におけるユーザーたちの変化を捉えるための理論的枠組みや概念を提供するものであり，さらにはソーシャルメディアの栄枯盛衰のメカニズムを解明するカギとなる可能性もあり，ソーシャルメディア研究にとって充分に意義があるものと考える。

もうひとつは，メディア利用研究に対しての貢献である。さまざまなメディア利用に際する動機やニーズを解明することを目的として研究が行われるメディア利用研究では，これまでインターネット利用やメディア・リテラ

シーに関して，さまざまな形で多大な研究がなされていた。だが，メディア一般のリテラシーではなく，ネット・リテラシーについての研究は一部あるものの，機器の使用に関する能力として限定的に定義されており，体系的にネット・リテラシー概念が整理されてはいなかった。そのため，それらの概念とネット利用を関係づけた研究も行われてはいなかった。本研究における多くの成果は，インターネット利用に際する動機やニーズを解明することに向けて理論的枠組みや概念を提供するものであり，メディア利用研究にとっても意義があるものと考える。

　実践的な貢献としては，大きくは2点挙げられる。ひとつは，ソーシャルメディアの運営者や利用する企業に対しての貢献である。ソーシャルメディアの継続や，その利用頻度や態度を向上させるためのマーケティング戦略への示唆だけでなく，前提となるネット・リテラシー概念の測定方法を提示できたことである。ソーシャルメディアに関わる企業においては，ユーザーのネット・リテラシーが把握され，展開するサービスがどのリテラシーに影響するかが検討された上で，ユーザーのネット・リテラシーの変化が考慮された動的なマーケティング戦略が期待される。とりわけ，最も重要なネット・コミュニケーション力をいかに継続的に高めていけるかがカギとなる。そのためには，ユーザーが新たなコミュニケーションをできるように，サイト情報に安心し情報検索できる環境づくりや，啓蒙や教育などの活動も必要となるだろう。こうした点は，次項にも関係する。

　もうひとつは，ソーシャルメディアを活用するネット広告事業者や利用企業に対する貢献である。歴史的事例研究からは，バイラル広告などの情報の発信元を曖昧にする情報は，意図せずネット懐疑志向を高めている可能性をもつことがわかった。ネット広告事業者や利用企業が，広告を展開するサイトの利用頻度や態度を向上しようとするなら，ネット懐疑志向を高めてしまわないように留意するだけでなく，他のふたつのネット・リテラシー（とりわけネット・コミュニケーション力）を高めるという広告戦略が必要となるだろう。

このようにネット・リテラシーとサイト利用との作用を踏まえることで，ソーシャルメディアの発展だけでなく，それを活用するマーケティング戦略に活かすことができよう。

最後に，今後の課題としては，大きくふたつある。第1に，サイト利用とネット・リテラシーとの相互依存関係の精緻化である。歴史的方法論によるデータの制約上，推定により判断せざるを得なかった分析を，サイトの協力を得るなどして定性的定量的な定点観測を行い，精緻化することが期待される。その際には，本書でも見られたひとつのサービスと複数のリテラシーとの相互依存関係や，さらには複数のサービスと複数のリテラシーとの相互依存関係の分析も望まれる。

第2に，ネット・リテラシー概念とサイト利用に関わるモデルのさらなる精緻化，そして一般化することにある。そのため，本書のモデルの見直しはもちろん，さらには特定サイトのユーザーに対象を限定することなく，ユーザーの範囲を全体に広げてネット・リテラシーを測定するなど，本研究を発展させることが期待される。

# 補論
# 匿名性とサイト利用の調査

## 補-1　はじめに

　本章では，ソーシャルメディア利用に関するユーザーの匿名・実名性傾向に着目し，その関係を考察する。一般に，日本ではユーザーの匿名性度合いが高く，実名の公開や実生活を特定する情報がネット上には掲載されない傾向があると言われる。あるいは，ネット上のコミュニケーションの特徴は，匿名性にこそあると考えられている。この傾向は，ソーシャルメディア利用の動向や，ネット・リテラシーとどのような関係にあるのだろうか。本章では，日本最大規模のコミュニティサイトであるmixiのサイトユーザーを対象にしたアンケート調査を用い，彼らの匿名・実名性傾向を捉えるとともに，彼らのソーシャルメディア利用頻度やネット・リテラシーとの関係を確認する。

　分析の結果示されるのは，実名性の意義である。匿名性が高いユーザーよりも，実名性の高いユーザーの方が，サイトの利用頻度も高い値をとるとともに，ネット・リテラシーについても総じて高い傾向が見てとれる。詳細な因果な関係を捉えるためには更なる考察が必要だが，少なくとも，実名性の重要性が提示されることになる。

## 補-2　インターネットと匿名性

　インターネット上のコミュニケーションが匿名性によって特徴づけられることはしばしば指摘されてきた。例えば，井上（2006）はインターネットの技術特性として，オープン性，匿名性，非階層性，双方向性を挙げている。また，棚橋・水越（2006）は2ちゃんねるを分析しつつ，匿名性に支えられ

たコミュニケーションの質的特性を分析している。さらに澁谷（2004）による一連の研究では，ネット上のコミュニケーションでは相手の特定が困難になるとし，その困難性を自ら克服する行動が見られるとして類似性の分析を進めている。これらの研究は，いずれもインターネット上のコミュニケーションが匿名性を有することを前提として，そのことによって引き起こされるリアルとは異なったコミュニケーションの可能性を考察している。

　その一方で，ソーシャルメディアが普及するようになって以降，インターネット上でのコミュニケーションには少なからず実名性（顕名性）が現れるようになってきている。例えば，本書でも考察しているように，mixiでは，近年まで招待制という仕組みが採用されることによって，リアルでの知り合いを前提としてコミュニティが構築されてきた。また，Twitterやfacebookにおいても，これまでに比べれば，遥かに多くのユーザーが実名を公表しながらコミュニケーションをとるようになっている。こうした傾向は，海外でのネット利用に近づいてきているとみることもできるが，われわれの興味としては，例えばその移行期にあって，匿名性と実名性ではコミュニケーションがどのように変化するのかという点にある。

　もちろん，匿名性ではコミュニケーションが攻撃的になりやすいといった傾向については，棚橋・水越（2006）による2ちゃんねるの分析で考察されているとおりである。本章では，こうしたコミュニケーションの質的な特徴ではなく，より端的にコミュニケーションの量（サイト利用の頻度）がどのように変化していくのかを実証的に捉えたい。

　さらに，もうひとつのポイントとして，匿名・実名性傾向とネット・リテラシーの関係もまた，考察するに値するだろう。例えば，ネット・リテラシーが高いユーザーは，匿名性を担保しようとするのだろうか。それとも，むしろ逆に実名を公開し，それでも十分にプライバシーを守ることができるのだろうか。論理的にはどちらも考えられるが，実際の傾向を確認することには意義がある。

　本分析では，日本で最大規模のコミュニティサイトであるmixiユーザー

を引き続き対象として、彼らの匿名性・実名性傾向を測定し、サイト利用動向やネット・リテラシーとの関係を考察する。mixi は、これまで見てきたようによく知られたソーシャルメディアであり、国内ではすでに 2000 万人を超えるユーザー数を誇るとされている。また、ソーシャルメディアの特性上、実名性が現れやすい傾向にあるが、詳しくは後述するとおり、匿名性の高いユーザーも数多く存在している。強く実名性の公開を求める facebook とは傾向が異なり、われわれの分析にとって都合がよい。

## 補-3　mixi のサイト利用動向

分析データの基本的な特徴を確認しよう。サンプル数は第 8 章と同様の 788 サンプルであり、利用頻度については一定数の中止・非利用を含まないことにする（図表補-1 参照）。mixi をはじめた時期については、約半数が 3 年以上前にはじめたことがわかる（図表補-2 参照）。mixi が急激に成長した時期とほぼ対応しているといえる。

**図表補-1　現在の mixi の利用頻度**

■1年に1回　　目 半年に1回　　■半年に数回　　□1か月に1度　　■1週間に1回
■1週間に数回　□1日1回　　　□1日数回　　　■1時間に数回　　□常時

| 26 | 26 | 40 | 77 | 90 | 109 | 114 | 227 | 32 | 47 |

0　　100　　200　　300　　400　　500　　600　　700　　（人）

（出所：著者作成）

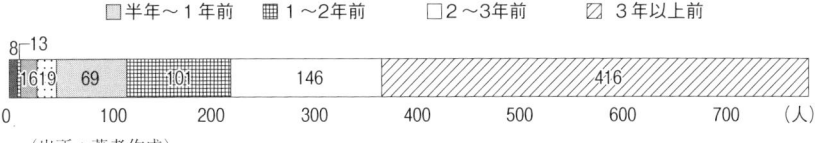

**図表補-2　mixi を始めた時期**

■1か月未満　　目 1～2か月前　　■2～3か月前　　□3～半年前
■半年～1年前　■1～2年前　　　□2～3年前　　　■3年以上前

8　13　16　19　69　101　146　416

0　　100　　200　　300　　400　　500　　600　　700　　（人）

（出所：著者作成）

## 補-4 匿名・実名性とサイト利用の関係

以上の状況を踏まえた上で，日記内容の匿名・実名性傾向を測定した7点尺度を用いることにする。(図表補-3参照)。この項目を平均値で高低に2分割し，リテラシーの違いやmixiの利用頻度について差の検定を行った(図表補-4参照)。

興味深いことに，総じて実名性傾向の強いグループの方が高い値をとった。懐疑志向については統計的に支持されなかったが，ネット操作力やネット・コミュニケーション力については，実名性傾向の強いユーザーグループの方が，高い値をとっている。さらに，mixiの利用頻度についても同様の傾向を見てとることができる。

この結果から，リテラシーが高いユーザーが実名を提示しやすい傾向にあることがわかる。リテラシーが高い場合には，あえて匿名性を担保するとい

**図表補-3　匿名実名性変数**

| 項　目 | 平均値 | 標準偏差 |
|---|---|---|
| ・日記内容の匿名・実名性 | 3.10 | 2.01 |

(出所：著者作成)

**図表補-4　匿名実名性とmixiの利用傾向**

| | 匿名傾向 ($n = 435$) | 実名傾向 ($n = 353$) | |
|---|---|---|---|
| | 平均 | 平均 | $t$ 値 |
| ネット操作力 | 4.83 | 5.02 | -2.65 ** |
| ネット・コミュニケーション力 | 3.45 | 3.85 | -3.82 *** |
| ネット懐疑志向 | 4.27 | 4.26 | 0.10 |
| サイト利用頻度 | 6.01 | 6.71 | -4.49 *** |
| 文化変数 | 4.39 | 4.60 | -3.17 ** |
| 年齢 | 32.44 | 30.29 | 2.64 ** |

$+ p < .10, * p < .05, ** p < .01, *** p < .001$
(出所：著者作成)

う方法もあるように考えられるが，どうやらそうではないようである。ただし，ネット懐疑志向については差がみられないことから，今後さらに踏み込んだ分析が求められるといえる。さらにもうひとつ，実名性傾向の高いグループのほうが，サイト利用の頻度の高いこともわかる。匿名性であるがゆえにコミュニケーションが活性化するという可能性もあるが，この分析からは，むしろ実名性が高い方が，サイト利用の頻度も高くなることが想定される。

## 補-5　まとめ

　以上，本章では，mixiユーザーを対象にして，匿名・実名性傾向がサイト利用とどのような関係にあるのかを考察してきた。特にmixiにおいては，実名性傾向が強いユーザーの方が，総じてリテラシーも高く，またサイト利用頻度も高いことがわかる。匿名・実名性傾向が所与のものであるか，それともサイト利用を通じて変化するものかははっきりとしないが，総じて実名性であることの重要性が見出されているように思われる。

　インターネットは，もともと匿名性の存在が特徴的であると考えられてきた。しかしながら，時間の中で，むしろリアルに近い実名性を伴う性格がソーシャルメディアを中心に形成されてきた。その意味するところを考察するにあたり，本調査の結果は一定の示唆を有するように思われる。実名性の高いユーザーの方が利用頻度も高く，またネット・リテラシーも総じて高い。その理由については別途考察する必要があろうが，安心感も含め，実名性には価値があることがわかる。

　最初から実名性が当たり前であったといわれる海外に比べ，日本では元々匿名性が高い傾向にあったと言われる。とすれば，そのことが日本独自のコミュニティ形成を可能にしていた一方で，分析結果からすれば，コミュニティの活性化を妨げていたのかもしれない。匿名性自体は重要な特徴であることは間違いない。サイトとしては，その特性を生かしつつ，サイト活性化に注力する必要があると言えるのかもしれないのだ。

# 付録：日米韓 facebook 質問票

**利用頻度**

現在の facebook の利用頻度を教えてください。最も近いもの1つを選択ください。

①1年に1回、②半年に1度、③半年に数回、④1ヶ月に1度、⑤1週間に1回、⑥1週間に数回、⑦1日1回、⑧1日数回、⑨1時間に数回、⑩常時

How often do you use Facebook? Choose the answer most appropriate for you.

① Once/year，② Once/6 months，③ Several times/6 months，④ Once/month，⑤ Once/week，⑥ Several times/week，⑦ Once/day，⑧ Several times/day，⑨ Several times/hour，⑩ Always

현재 페이스북의 이용빈도를 알려주십시오. 가장 적당한 답을 하나만 선택해 주십시오.

①1년에 한번 이용、②6개월에 한번 이용、③6개월에 수차례 이용、④1개월에 한번 이용、⑤1주일에 한번 이용、⑥1주일에 수차례 이용、⑦하루에 한번 이용、⑧하루에 수차례 이용、⑨1시간에 수차례 이용、⑩항상 이용

**facebook 態度**

facebook の機能に満足している。

①全く当てはまらない、②当てはまらない、③やや当てはまらない、

④どちらでもない、⑤やや当てはまる、⑥当てはまる、⑦非常に当てはまる（以下、同じ回答項目）

I am satisfied with the service provided by Facebook.
① Strongly disagree，② Disagree，③ Slightly disagree，④ Neutral，⑤ Slightly agree，⑥ Agree，⑦ Strongly Agree（以下、同じ回答項目）

페이스북이 제공하는 서비스에 만족하고 있다.
①전혀 그렇지 않다、②그렇지 않다、③그렇지 않은 편이다、④어느쪽도 아니다、⑤그런편이다、⑥그렇다、⑦매우 그렇다（以下、同じ回答項目）

facebookは、安心して閲覧できる。
I feel comfortable in surfing Facebook.
페이스북은 안심하고 서핑할 수 있다.

facebookは、暇つぶしに最適だ。
Facebook is a good way for me to spend my time.
페이스북은 시간 때우기에 좋은 수단이다.

他のウェブサイトに比べた場合、facebookは優れていると思う。
Compared with other web sites I would rate Facebook as one of the best.
다른 사이트와 비교해서 페이스북을 최고의 사이트 중 하나라고 생각한다.

**ネット操作力**

自分はインターネットを使うことに精通している。
I am extremely skilled at using the web.
나는 인터넷을 사용하는 기술이 뛰어나다.

自分はインターネットで情報を探すことに関して知識が深いと思う。
I consider myself knowledgeable about good search techniques on the web.
나는 인터넷상에서 검색 능력이 뛰어나다고 생각한다.

インターネットで必要な情報を探すことができる。
I know how to find what I am looking for on the web.
나는 인터넷에서 내가 원하는 것을 찾을 수 있다.

インターネット情報の真偽が判断できる。
I can judge whether information on the web is true or not.
나는 인터넷 정보의 진위를 판단할 수 있다.

## ネット・コミュニケーション力

インターネットで、新しい知り合いをつくることができる。
I can make new acquaintances on the web.
나는 인터넷상에서 새로운 친구를 만들 수 있다.

インターネットで、見知らぬ人とのコミュニケーションを持つようにしている。
I can communicate on the web with people I don't know.
나는 인터넷상에서 모르는 사람과 커뮤니케이션을 할 수 있다.

インターネットで、積極的にコミュニケーションを行うことができる。
I can actively communicate with other people on the web.
나는 인터넷상에서 적극적으로 커뮤니케이션을 할 수 있다.

## ネット懐疑志向

概して、インターネットの情報は、それに関連する危険性の本当の姿を表せていない。
In general, information on the web do not present a true picture of the risks associated with certain behaviors.
일반적으로 인터넷상의 정보는 그와 관련된 위험을 실제적으로 보여주지는 않는다.

インターネットで伝えられるメッセージは、現実を表していない。
The messages conveyed in information on the web do not show life as it really is.
인터넷상에서 전달되는 메시지는 현실과 다르다.

ほとんどのネット情報で示されることは、現実的ではない。
The consequences shown in most information on the web are not realistic.
대부분의 인터넷상의 정보는 현실적이지 않다.

## 文化変数

わたしにとって幸せとは自分の属するグループの皆が幸せだということだ。
My happiness depends on the happiness of those in my group.
나의 행복은 내가 속한 그룹 사람들의 행복에 달려있다.

わたしは皆といるときは、誰かの気を悪くしないよう発言に気をつける。
When with my group, I watch my words so I won't offend anyone.
나는 모두와 함께 있을 때는 다른 사람이 불쾌하지 않도록 말을 조심한다.

わたしは皆の期待に沿うように振舞うほうだ。
I act as fellow group members prefer I act.
나는 모두의 기대에 부응하도록 행동하는 편이다.

# 参考文献

Aiken, Leona S., and Stephen G. West (1991), *Multiple Regression: Testing and Interpreting Interactions*, SAGE Publications.

Bickart, Barbara and Robert M. Schindler (2001), "Internet Forums as Influential Source of Consumer Information," *Journal of Interactive Marketing*, Vol.15 No.3, pp.31-40.

Brown, Jo, Amanda J. Broderick and Nick Lee (2007), "Word of Mouth Communication within Online Communities : Conceptualizing the Online Social Network," *Journal of Interactive Marketing* Vol.21 No.3, pp.2-20.

Cho, Yooncheong, Il Im, Roxanne Hiltz and Jerry Fjermestad (2002), "The Effects of Post-Purchase Evaluation Factors on Online vs. Offline Customer Complaining Behavior: Implications for Customer Loyalty," *Advances in Consumer Research*, Vol.29, pp.318-326.

Choi, Yung Kyun and Gordon E. Miracle (2004), "The Effectiveness of Comparative Advertising in Korea and The United State: A Cross-Cultural and Individual Level Analysis," *Journal of Advertising*, Vol. 33 No. 4, pp. 75-87.

Cohen, Jacob and Patricia Cohen (1983), *Applied Multiple Regression/Correlation Analysis for the Behavioral Sciences* (2nd ed.), Hillsdale, NJ: Erlbaum Associates.

Dinev, Tamara and Paul Hart (2006), "Internet Privacy Concerns and Social Awareness as Determinants of Internet to Transact," *International Journal of Electronic Commerce*, Vol.10 No.2, pp.7-29.

Douglas, Susan P. and C. Samuel Craig (1983), *International Marketing*

*Research*, Englewood Cliffs, NJ: Prentice-Hall, Inc.

Fisher, Claude S. (1992), *America Calling: A Social History of the Telephone to 1940*, University of California Press（吉見俊哉・松田美佐・片岡みい子訳『電話するアメリカ：テレフォンネットワークの社会史』NTT出版, 2000年）.

Fornell, Claes and David F. Larcker (1981), "Evaluating Structural Equation Models with Unobservable Variables and Measurement Error," *Journal of Marketing Research*, Vol.8 No.1, pp.39-50.

Gruen, Thomas W., Talai Osmonbekov and Andrew J. Czaplewski (2006), "eWOM: The Impact of Customer-to-Customer Online Know-how Exchange on Customer Value and Loyalty," *Journal of Business Research*, Vol.59 No.4, pp.449-456.

Gumpert, Gary (1987), *Talking Tombstones and Other Tales of the Media Age*, Oxford University Press.

Hair, Joseph. F., William C. Black, Rolph E. Anderson and Ronald L. Tatham (2006), *Multivariate Data Analysis. 6th Edition*, New Jersey, Pearson Education International.

Hennig-Thurau, Thorsten, Kevin P. Gwinner, Gianfranco Walsh and Dwayne D. Gremler (2004), "Electronic Word-of-Mouth via Consumer-Opinion Platforms: What Motivates Consumers to Articulate Themselves on the Internet?" *Journal of Interactive Marketing*, Vol.18 No.1, pp.38-52.

Hirschman, Elizabeth C. and Craig J. Thompson (1997), "Why Media Matter: Toward a Richer Understanding of Consumers' Relationships with Advertising and Mass Media," *Journal of Advertising*, Vol. 26 No.1, pp. 43-60.

Hoffman, Donna L. and Thomas O. Novak (1996), " Marketing in Hypermedia Computer-Mediated Environments : Conceptual Foundations," *Journal of Marketing*, Vol. 60 No.3, pp 50-68.

Hollenbeck,Candice R. and George M. Zinkhan (2006),"Consumer Activism on the Internet: The Role of Anti-brand Communities," *Advances in Consumer Research* ,Vol.33, pp.479-485.

Hollenbeck, Candice R. and George M. Zinkhan (2010), "Anti-Brand Communities, Negotiation of Brand Meaning, and the Learning Process: The case of Wal-Mart," *Consumption Markets & Culture*,Vol.13 No.3, pp. 325-345.

Katz, Elihu. and Paul F. Lazarsfeld (1955), *Personal Influence*, Free Press. (竹内郁朗他訳『パーソナルインフルエンス』培風館, 1965 年).

Ko, Hanjun, Chang-Hoan Cho and Marilyn S. Roberts (2005), " Internet Uses and Gratification," *Journal of Advertising*, Vol.34 No.2, pp.57-70.

Korgaonkar, Pradeep K. and Lori D. Wolin (1999), "A Multivariate Analysis of Web Usage," *Journal of Advertising Research*, Vol.39 No.2, pp.53-68.

Kozinets, Robert V. (1999), "E-Tribalized Marketing? : The Strategic Implications of Virtual Communities of Consumption," *European Management Journal*, Vol.7 No.3, pp.252-264.

Kozinets, Robert V. and Jay M. Handelman (2004), "Adversaries of Consumption : Consumer Movements, Activism, and Ideology," *Journal of Consumer Research*, Vol.31 No.3, pp.691-704.

Kozinets, Robert V., Kristine de Valck, Andrea C. Wojnicki and Sarah J.S. Wilner (2010), "Networked Narratives: Understanding Word-of-Mouth Marketing in Online Communities," *Jounrnal of Marketing*, vol.74 No.3, pp.71-89.

LaRose, Robert, Dana Mastro and Matthews. S. Eastin (2001), "Understanding Internet Usage," *Social Science Computer Review*, Vol.19 No.4, pp.395-413.

Mangleburg, Tamara F. and Terry Bristol (1998), "Socialization and Adolescents' Skepticism toward Advertising," *Journal of Advertising*,

Vol.27 No.3, pp.11-21.

Markus, Hazel R. and Shinobu Kitayama (1991), "Culture and the Self – Implications for Cognition, Emotion, and Motivation," *Psychological Review*, Vol.98 No.2, pp.224-53.

Mathwick, Charia (2002), "Understanding the Online Consumer: A Typology of Online Relational Norms and Behavior," *Journal of Interactive Marketing*,Vol.16 No.1, pp.40-55.

Mauss, Macial (1968), *Sociologie et anthropologie*, Presses Universitaires de France（有地亨・伊藤昌司・山口俊夫訳『社会学と人類学(1)』弘文堂, 1973 年）.

McAlexander, James H., John W. Schouten and Harold F. Koenig (2002), "Building Brand Community," *Journal of Marketing*, Vol.66 No.1, pp. 38-54.

Muniz Jr., Albert M. and Thomas C. O'Guinn (2001), "Brand Community," *Journal of Consumer Research*, Vol.27 No.4, pp.412-432.

Muniz Jr., Albert M. and Hope Jensen Schau (2005), "Religiosity in the Abandoned Apple Newton Brand Community," *Journal of Consumer Research*, Vol.31 No.4, pp.737-747.

Nishikawa, Hidehiko, Martin Schreierb and Susumu Ogawa (2012), "User-Generated Versus Designer-Generated Products: A Performance Assessment at Muji," *International Journal of Research in Marketing*, Available online (http: //www. sciencedirect. com/science/article/pii/S0167811612000730).

Novak, Thomas P, Donna L. Hoffman and Yiu-Fai Yung (2000), "Measuring the Customer Experience in Online Environments: A Structural Modeling Approach," *Marketing Science*, Vol.19 No.1, pp.22-42.

Obermiller, Carl and Eric Spangenberg (1988), "Development of a Scale to Measure Consumer Skepticism toward Advertising," *Journal of*

*Consumer Psychology*, Vol.7 No.2, pp.159-186.

Ong, Walter J. (1982), *Orality and Literacy* : *The Technologizing of the World*（桜井直史・林正廣・糟谷啓介訳『声の文化と文字の文化』藤原書店，1990 年）.

Papacharissi, Zizi. and Alan M. Rubin, (2000), "Predictors of Internet Use," *Journal of Broadcasting & Electronic Media*, Vol.44 No.2, pp.175-196.

Redfield, Robert (1961), *The Little Community and Peasant, Society, and Culture*, Chicago University Press.

Rheingold, Howard (1995), *The Virtual Community : Finding Connection in a Computerized World*, London Stallabrass,B.

Rubin, Alan M. and Elizabeth M. Perse (1987), "Audience Activity and Soap Opera Involvement: A Use and Effects Investigation," *Human Communication Research*, Vol.14 No.2, pp.246-268.

Rubin, Alan M. (2002), "The Uses and Gratifications Perspective of Media Effect," *Media Effect: Advances in Theory and Research*, Jennings Bryant and Dolf Zillman (eds), New Jersey : Lawrence Erlbaum Associates, pp. 525-548.

Schau, Hope Jensen, AIbert M. Muniz Jr. and Eric J. Arnould (2009), "How Brand Community Practices Create Value," *Journal of Marketing*, Vol.73 No.5, pp.30-51.

Sicilia, Maria, Salvador Ruiz and Gita V. Johar (2008), "The Spillover Effect in e-WOM," *European Advances in Consumer Research*, Vol.8, pp.15-16.

Stanford, Thomas F. and Marla R. Stanford (2001), " Identifying Motivations for the Use of Commercial Web Sites," *Information Research Management Journal*, Vol.14 No.1, pp.22-30.

Thankor, Mrugank V. and Karine Goneau-Lessard (2009), "Developmemt of a Scale to Measure Skepticism of Social Advertising among Adolescents,"*Journal of Business Research*, Vol.62 No.12, pp.1342-1349.

Zhou, Zheng and Yeqing Bao (2002), "Users'Attitude toward Web Advertising: Effects of Internet Motivation and Internet Ability," *Advance in Consumer research*, Vol.29, pp.71-78.

池尾恭一編(2003)『ネット・コミュニティのマーケティング戦略:デジタル消費社会への戦略対応』有斐閣。

池田謙一編(1997)『ネットワーキング・コミュニティ』東京大学出版会。

石井淳蔵・厚美尚武編(2002)『インターネット社会のマーケティング』有斐閣。

石井淳蔵・水越康介編(2006)『仮想経験のデザイン』有斐閣。

井上哲浩(2006)「インターネット時代のマーケティング・コミュニケーション」田中洋・清水聰編著『消費者・コミュニケーション戦略』pp.95-122, 有斐閣。

岸谷和広(2006)「つながりをもとめるネット・コミュニティ」石井淳蔵・水越康介編著『仮想経験のデザイン』pp.312-331, 有斐閣。

岸谷和広・水野由多加(2008)「テレビ番組における広告類似行為の現状と課題」『広告科学』第49集, pp.109-126。

岸谷和広(2011)「インターネットにおけるリテラシー概念の展開」『関西大学商学論集』第56巻第3号, pp.69-85。

北田暁大(2002)『広告都市・東京』廣済堂ライブラリー。

金相美(2003)「インターネット利用に関する日韓大学生比較研究」『マスコミュニケーション研究』第63号, pp.112-129。

金雲鎬(2006)「韓国で開花した仮想経験ビジネス – Cyworld」石井淳蔵・水越康介編著『仮想経験のデザイン』pp. 240-262, 有斐閣。

栗木契・水越康介・宮本次郎(2009)「日本企業に見るウェブサイトのマーケティング利用」『マーケティングジャーナル』第113号, pp.2-18。

坂下玄哲・森口博子(2006)「コミュニケーションを誘発するブログサイト – livedoorBlog」石井淳蔵・水越康介編著『仮想経験のデザイン』pp. 121-148, 有斐閣。

澁谷覚(2004)「ネット・コミュニティ上における消費者の意見形成プロセスとマーケティング戦略」『マーケティングジャーナル』第94号, pp.31-44。

西川英彦・水越康介・金雲鎬(2009)「ネット・コミュニティを通じたデジタルコンテンツの競争優位性確立についての研究」『平成20年度産業技術研究助成事業研究成果報告書（最終）』。

根来龍之監修・早稲田大学IT戦略研究所編(2006)『mixiと第二世代ネット革命：無料モデルの新潮流』東洋経済新報社。

根来龍之(2007)「ネットビジネスの歴史的構造」『組織科学』第41巻第1号, pp.54-65。

ネットレイティングス(2008)『データクロニクル2008』ネットレイティングス。

濱野智史(2008)『アーキテクチャーの生態系』NTT出版。

正村俊之(2001)『コミュニケーション・メディア：分離と結合の力学』世界思想社。

水越康介・棚橋豪(2006)「メタ・ネタ・コミュニケーションの秩序－2ちゃんねる」石井淳蔵・水越康介編著『仮想経験のデザイン』pp.73-95, 有斐閣。

水越康介・前中泉(2006)「現実と仮想が交差するSNS－mixi」石井淳蔵・水越康介編著『仮想経験のデザイン』pp.149-169, 有斐閣。

水越康介(2009)「仮想商品の物象化を伴う象徴的交換」『日本情報経営学会誌』第29巻第2号, pp.94-103。

水越伸(1993)『メディアの生成』同文舘。

水越伸(1999)『デジタル・メディア社会』岩波書店。

水越伸編(2007)『コミュナルなケータイ』岩波書店。

宮澤薫(2007)「ブランド・コミュニティ」『マーケティングジャーナル』第104号, pp.99-11。

宮田加久子(2008)「オフラインとオンラインで重層化する対人コミュニケー

ション」宮田加久子・池田謙一編『ネットが変える消費者行動』pp. 77-113, NTT 出版。

森田正隆(2005)「ネット・コミュニティ」『マーケティングジャーナル』第 98 号，pp.104-112。

山内祐平(2003)『デジタル社会のリテラシー』岩波書店。

山本晶(2006)「顧客間インタラクションがサイト・ロイヤルティに与える影響」『消費者行動研究』第 12 巻第 1・2 号, pp.23-36。

吉見俊哉・若林幹夫・水越伸(1992)『メディアとしての電話』弘文堂。


『朝鮮日報』2008 年 5 月 26 日付。

『日本経済新聞』朝刊 2008 年 5 月 19 日付，p.9。

『facebook ニュースルーム タイムライン』(http://newsroom.fb.com/Timeline) 2013 年 1 月 5 日参照。

『MacPeople』2004 年 11 月号, アスキー。

『ミクシィ 2010 年度第 3 四半期決算説明資料』(2006 年度第 2 四半期から 2010 年度第 3 四半期まで)(http://mixi.co.jp/ir/news/) 2011 年 3 月 1 日参照。

『mixi プレスリリース 2004 年 3 月 3 日』「イー・マーキュリー，ソーシャル・ネットワーキングサイト『mixi（ミクシィ）』をオープン」(http://mixi.co.jp/press/2004/0303/535/) 2011 年 1 月 30 日参照。

『mixi プレスリリース 2004 年 7 月 26 日』「イー・マーキュリー運営のソーシャル・ネットワーキングサイト『mixi（ミクシィ）』のユーザ数が 5 万人を突破」(http://mixi.co.jp/press/2004/0726/553/) 2011 年 1 月 30 日参照。

『mixi プレスリリース 2004 年 9 月 16 日』「イー・マーキュリー、『mixi（ミクシィ）』ユーザ向け携帯電話版サービス『mixi モバイル』を開始　日記やコミュニティの閲覧/書込み『足あと』確認も可能に」(http://mixi.co.jp/press/2004/0916/559/) 2011 年 1 月 30 日参照。

『mixi プレスリリース 2004 年 9 月 21 日』「イー・マーキュリーの SNS『mixi（ミクシィ）』ユーザ，10 万人を突破」(http: //mixi. co. jp/press/2004/0921/561/)2011 年 1 月 30 日参照。

『mixi プレスリリース 2005 年 1 月 27 日』「イー・マーキュリー，SNS『mixi』の有料オプション『mixi プレミアム』を開始〜本日より，特別お申し込みキャンペーンを実施〜」(http: //mixi. co. jp/press/2005/0127/573/)2011 年 1 月 30 日参照。

『mixi プレスリリース 2005 年 4 月 6 日』「イー・マーキュリーの『mixi』，ユーザ数 50 万人超の SNS に〜新たにトップページ検索を導入、『goo』の検索システムを採用〜」(http://mixi.co.jp/press/2005/0127/573/) 2011 年 1 月 30 日参照。

『mixi プレスリリース 2005 年 8 月 3 日』「イー・マーキュリーの SNS『mixi』、ユーザ数 100 万人を突破〜増加のスピード国内最速、17ヶ月 2 週間〜」(http://mixi.co.jp/press/2005/0803/587/)2011 年 1 月 30 日参照。

『mixi プレスリリース 2006 年 1 月 26 日』「社名変更のお知らせ」(http://mixi.co.jp/press/2006/0126/601/)2011 年 1 月 30 日参照。

『mixi プレスリリース 2006 年 2 月 8 日』「ニュースから始まる新しい交流『mixi ニュース』サービスを開始」(http: //mixi. co. jp/press/2006/0126/601/)2011 年 1 月 30 日参照。

『mixi プレスリリース 2006 年 5 月 22 日』「ミクシィ，音楽で熱くつながる『mixi ミュージック』サービスを開始」(http: //mixi. co. jp/press/2006/0522/612/)2011 年 1 月 30 日参照。

『mixi プレスリリース 2006 年 7 月 26 日』「プライバシーマーク取得に関するお知らせ」(http://mixi.co.jp/press/2006/0726/618/)2011 年 1 月 30 日参照。

『mixi プレスリリース 2006 年 12 月 1 日』「『モバイルメッセージ機能』についてのお知らせ」(http://mixi.co.jp/press/2006/1201/626/)2011 年 1 月

30 日参照。

『mixi プレスリリース 2006 年 12 月 18 日』「名前欄、性別欄公開レベル設定についてのお知らせ」(http://mixi.co.jp/press/2006/1218/635/) 2011 年 1 月 30 日参照。

『mixi プレスリリース 2006 年 12 月 21 日』「『EZweb 公式サイト』採用についてのお知らせ」(http://mixi.co.jp/press/2006/1221/637/) 2011 年 1 月 30 日参照。

『mixi プレスリリース 2006 年 12 月 22 日』「『mixi ミュージック』機能追加(iPod 対応)のお知らせ」(http://mixi.co.jp/press/2006/1222/639/) 2011 年 1 月 30 日参照。

『mixi プレスリリース 2007 年 1 月 30 日』「ミクシィ,動画共有サービス『mixi 動画』の概要を発表」(http://mixi.co.jp/press/2007/0130/650/) 2011 年 1 月 30 日参照。

『mixi プレスリリース 2007 年 2 月 5 日』「『mixi 動画』サービス開始および『i モード公式サイト』採用のお知らせ」(http://mixi.co.jp/press/2007/0205/654/) 2011 年 1 月 30 日参照。

『mixi プレスリリース 2007 年 3 月 27 日』「『mixi』登録時の携帯端末認証に関するお知らせ－安全性強化に対する取組みについて－」(http://mixi.co.jp/press/2007/0327/664/) 2011 年 1 月 30 日参照。

『mixi プレスリリース 2007 年 3 月 30 日』「『mixi 動画』キーワード検索機能追加のお知らせ」(http://mixi.co.jp/press/2007/0330/666/) 2011 年 1 月 30 日参照。

『mixi プレスリリース 2007 年 4 月 2 日』「mixi プレミアム,日記検索機能追加のお知らせ」(http://mixi.co.jp/press/2007/0402/668/) 2011 年 1 月 30 日参照。

『mixi プレスリリース 2007 年 4 月 5 日』「コミュニティリンク機能追加および『mixi モバイル』絵文字対応のお知らせ」(http://mixi.co.jp/press/2007/0405/672/) 2011 年 1 月 30 日参照。

『mixi プレスリリース 2007 年 4 月 25 日』「QR コードによる,『mixi』への招待機能追加のお知らせ」(http://mixi.co.jp/press/2007/0425/686/) 2011 年 1 月 30 日参照。

『mixi プレスリリース 2007 年 4 月 26 日』「日記キーワードランキング機能追加のお知らせ」(http://mixi.co.jp/press/2007/0426/738/) 2011 年 1 月 30 日参照。

『mixi プレスリリース 2007 年 5 月 21 日』「『mixi』,ユーザー数 1000 万人突破」(http://mixi.co.jp/press/2007/0521/423/) 2011 年 1 月 30 日参照。

『mixi プレスリリース 2007 年 6 月 6 日』「コミュニティへの動画貼り付け機能追加のお知らせ」(http://mixi.co.jp/press/2007/0606/692/) 2011 年 1 月 30 日参照。

『mixi プレスリリース 2007 年 8 月 2 日』「『mixi』,YouTube からの日記投稿が可能に」(http://mixi.co.jp/press/2007/0802/718/) 2011 年 1 月 30 日参照。

『mixi プレスリリース 2007 年 8 月 15 日』「『ソフトバンクモバイルオフィシャルコンテンツ』採用についてのお知らせ」(http://mixi.co.jp/press/2007/0815/723/) 2011 年 1 月 30 日参照。

『mixi プレスリリース 2007 年 9 月 4 日』「『mixi』、バイラル動画広告を開始」(http://mixi.co.jp/press/2007/0904/730/) 2011 年 1 月 30 日参照。

『mixi プレスリリース 2007 年 10 月 11 日』「『mixi モバイル』,mixi コレクション機能追加のお知らせ」(http://mixi.co.jp/press/2007/1011/742/) 2011 年 1 月 30 日参照。

『mixi プレスリリース 2007 年 11 月 21 日』「ユーザー投稿による『mixi 動画』を用いたプロモーション広告を実施」(http://mixi.co.jp/press/2007/1121/752/) 2011 年 1 月 30 日参照。

『mixi プレスリリース 2007 年 11 月 30 日』「mixi オフィシャル『DRALION サポーター(ドラミク)』募集のお知らせ」(http://mixi.co.jp/press/2007/1130/754/) 2011 年 1 月 30 日参照。

『mixi プレスリリース 2007 年 12 月 4 日』「『mixi モバイル』，モバイル検索連動型広告を開始」(http://mixi.co.jp/press/2007/1204/759/) 2011 年 1 月 30 日参照．

『mixi プレスリリース 2007 年 12 月 17 日』「『mixi 日記』に Google マップの貼り付けが可能に」(http://mixi.co.jp/press/2007/1217/766/) 2011 年 1 月 30 日参照．

『mixi プレスリリース 2007 年 12 月 20 日』「『mixi モバイル』にて無料ゲームコンテンツの提供開始」(http://mixi.co.jp/press/2007/1220/774/) 2011 年 1 月 30 日参照．

『mixi プレスリリース 2008 年 1 月 10 日』「『mixi モバイル』にて，写真デコレーションアプリの提供開始」(http://mixi.co.jp/press/2008/0110/776/) 2011 年 1 月 30 日参照．

『mixi プレスリリース 2008 年 1 月 28 日』「『mixi』インディーズ機能，『コミュニティブラウザ』機能提供開始のお知らせ」(http://mixi.co.jp/press/2008/0128/778/) 2011 年 1 月 30 日参照．

『mixi プレスリリース 2008 年 2 月 15 日』「『mixi モバイル』，携帯電話メーカーとの機能連携のお知らせ」(http://mixi.co.jp/press/2008/0215/780/) 2011 年 1 月 30 日参照．

『mixi プレスリリース 2008 年 3 月 17 日』「『ピコピコ mixi』、対戦ゲームを追加」(http://mixi.co.jp/press/2008/0317/791/) 2011 年 1 月 30 日参照．

『mixi プレスリリース 2008 年 4 月 24 日』「『mixi 日記』、記事ごとの公開範囲設定機能全ユーザーへの提供を開始」(http://mixi.co.jp/press/2008/0424/809/) 2011 年 1 月 30 日参照．

『mixi プレスリリース 2008 年 7 月 1 日』「『mixi』，タワーレコードとタイアップ mixi 公認コミュニティ『[タワレコ公認]FES.コレクション』を開設」(http://mixi.co.jp/press/2008/0701/815/) 2011 年 1 月 30 日参照．

『mixi プレスリリース 2008 年 7 月 14 日』「『mixi』のユーザー数が 1,500 万人を突破」(http://mixi.co.jp/press/2008/0714/822/) 2011 年 1 月 30 日

参照。

『mixi プレスリリース 2008 年 7 月 28 日』「『mixi』においてタレント・アーティストとファンとの交流を促進する『公認アカウント』を開始」(http://mixi.co.jp/press/2008/0714/822/) 2011 年 1 月 30 日参照。

『mixi プレスリリース 2008 年 8 月 25 日』「友人を見つけて，マイミクシィを増やそう！『あなたの友人かも？』の提供を開始」(http://mixi.co.jp/press/2008/0714/822/) 2011 年 1 月 30 日参照。

『mixi プレスリリース 2008 年 10 月 16 日』「携帯端末および情報家電向け『mixi ウィジェット』の配信が開始」(http://mixi.co.jp/press/2008/1016/850/) 2011 年 1 月 30 日参照。

『mixi プレスリリース 2009 年 1 月 5 日』「『mixi』のユーザー数が 1,500 万人を突破」(http://mixi.co.jp/press/2009/0105/882/) 2011 年 1 月 30 日参照。

『mixi プレスリリース 2009 年 1 月 7 日』「『mixi フォト』をソニーの Web サービス『Life-X』で楽しもう！―『mixi Connect』により連携開始―」(http://mixi.co.jp/press/2009/0730/1723/) 2011 年 1 月 30 日参照。

『mixi プレスリリース 2009 年 4 月 9 日』「もっとクラスメイトとつながりやすくなる『my キーワード』提供開始『mixi Connect』により連携－デジカメから『mixi』のフォトアルバムに簡単画像アップロード－」(http://mixi.co.jp/press/2009/0409/896/) 2011 年 1 月 30 日参照。

『mixi プレスリリース 2009 年 4 月 21 日』「無線 LAN 内蔵 SD 型カード『Eye-Fi Share カード』，『mixi Connect』による連携により，デジカメから『mixi』のフォトアルバムへの撮影画像アップロードが簡単に！」(http://mixi.co.jp/press/2009/0421/902/) 2011 年 1 月 30 日参照。

『mixi プレスリリース 2009 年 6 月 1 日』「青少年保護のためのゾーニングの強化について」(http://mixi.co.jp/press/2009/0601/1116/) 2011 年 1 月 30 日参照。

『mixi プレスリリース 2009 年 7 月 1 日』「『ソーシャルアプリケーションア

ワード』本日より募集開始！－グランプリは 100 万円！ヒット『mixi アプリ』をつくろう－」(http://mixi.co.jp/press/2009/0701/1487/) 2011 年 1 月 30 日参照。

『mixi プレスリリース 2009 年 7 月 30 日』「『mixi』のフォトアルバムとソニーのデジタルスチルカメラ"サイバーショット"G シリーズが，『mixi Connect』により連携－デジカメから『mixi』のフォトアルバムに簡単画像アップロード－」(http://mixi.co.jp/press/2009/0109/885/) 2011 年 1 月 30 日参照。

『mixi プレスリリース 2009 年 8 月 24 日』「ソーシャルアプリケーション『mixi アプリ』提供開始－本日より先行リリースとして PC 版の提供を開始－」(http://mixi.co.jp/press/2009/0824/1882/) 2011 年 1 月 30 日参照。

『mixi プレスリリース 2009 年 9 月 7 日』「『仲良しマイミク』提供開始－気の置けないマイミクと，もっと日記を楽しもう！－」(http://mixi.co.jp/press/2009/0824/1882/) 2011 年 1 月 30 日参照。

『mixi プレスリリース 2009 年 10 月 27 日』「『mixi アプリモバイル』提供開始」(http://mixi.co.jp/press/2009/1027/2137/) 2011 年 1 月 30 日参照。

『mixi プレスリリース 2009 年 11 月 10 日』「『ソーシャルアプリケーションアワード』結果発表『サンシャイン牧場』がグランプリに決定！」(http://mixi.co.jp/press/2009/1027/2137/) 2011 年 1 月 30 日参照。

『mixi プレスリリース 2009 年 11 月 26 日』「『mixi 同級生』提供開始」(http://mixi.co.jp/press/2009/1027/2137/) 2011 年 1 月 30 日参照。

『mixi プレスリリース 2010 年 1 月 6 日』「『mixi コレクション（ミクコレ）』PC 版　提供開始－PC 版でも自分のホームやプロフィールページのデザインが変更可能に－」(http://mixi.co.jp/press/2010/0106/2458/) 2011 年 1 月 30 日参照。

『mixi プレスリリース 2010 年 1 月 20 日』「『mixi キーワード』提供開始』(http://mixi.co.jp/press/2010/0120/2489/) 2011 年 1 月 30 日参照。

『mixi プレスリリース 2010 年 2 月 9 日』「シールプリント機で撮影した画像を『mixi フォト』でマイミクと共有しよう！―バンダイナムコゲームスのシールプリント機と『mixi Connect』により連携―」(http://mixi.co.jp/press/2010/0209/2562/) 2011 年 1 月 30 日参照。

『mixi プレスリリース 2010 年 3 月 1 日』「mixi ユーザー登録の仕様一部変更に関するお知らせ」(http://mixi.co.jp/press/2010/0301/2582/) 2011 年 1 月 30 日参照。

『mixi プレスリリース 2010 年 4 月 15 日』「『mixi』と Google『Gmail™』の連携を開始－『Gmail』でやりとりしている友人・知人と『mixi』でつながることが可能になりました －」(http://mixi.co.jp/press/2010/0415/2689/) 2011 年 1 月 30 日参照。

『mixi プレスリリース 2010 年 5 月 31 日』「スマートフォン版『mixi』、『mixi Touch』開始－指先で，タッチする mixi －」(http://mixi.co.jp/press/2010/0531/2830/) 2011 年 1 月 30 日参照。

『mixi プレスリリース 2010 年 6 月 28 日』「『mixi 同僚ネットワーク』の提供を開始」(http://mixi.co.jp/press/2010/0628/3174/) 2011 年 1 月 30 日参照。

『mixi ホームページ』(http://mixi.jp) 2011 年 3 月 1 日参照。

# 索　引

## 事項索引

### ◎ アルファベット

Back-Translation Process　112, 138
facebook　3, 7, 11, 13, 22, 59, 128, 133-135, 145, 146, 149-151, 153, 163, 165-167, 172, 173, 177, 178
facebook利用者　137
mixi　3, 6, 7, 8, 10, 11, 13, 22-24, 34, 41, 47-51, 53, 54, 57, 59-62, 65, 66, 69-71, 73-78, 84-95, 97-111, 115, 117, 118, 121, 122, 126-128, 133, 136, 150, 157, 161, 166, 167, 171-175
mixiの収益モデル　77
mixi利用開始時期　49
mixi利用頻度　49
RAM　17-20, 32, 64
ROM　17-20, 23, 30-32, 64
RSS　20, 21, 23, 97
Twitter　3, 13, 14, 47-51, 60, 172
YouTube　47-51, 80, 100

### ◎ あ 行

足あと機能　23, 24, 41, 84, 86, 88, 93, 95, 97
アンチ・ブランド・コミュニティ研究　3, 28-32
ウォルマート　29, 30, 31

### ◎ か 行

株式会社ミクシィ　74
口コミ研究　25, 29
継続　8, 19, 41, 59, 60, 66, 68, 107, 116, 117, 127-129, 135, 136, 145, 150, 153, 166-169
継続者　5, 6, 8, 10, 11, 59-70, 111, 115-117, 126, 127, 129, 133-135, 145, 146, 149, 150, 165, 166
コミュニティサイト　13, 24, 32, 51, 171, 172

### ◎ さ 行

実名性　11, 22, 171-175
招待制　22, 23, 84, 87, 104, 107, 108, 172
相互協調的自己観　118, 138, 144
相互独立的自己観　118
双方向性　34, 38, 39, 43, 171
ソーシャル・ネットワーキング・サービス(SNS)　21
ソーシャルグラフ　102
ソーシャルメディア　3, 4, 6, 7, 13-15, 19, 22-27, 32, 34, 39, 40, 48, 50, 59, 60, 74, 90, 118, 125, 150, 163, 167-169, 171-173, 175
ソーシャルメディアの利用期間　49
ソーシャルメディアの利用頻度　48

### ◎ た 行

デプスインタビュー　5, 8, 29, 30, 59, 68, 69, 70, 112, 115, 122, 125-127, 163
同期　34, 38, 39, 95
匿名性　17, 22, 43, 44, 64, 171-175
トラックバック　20-23

### ◎ な 行

ネット・コミュニケーション力　8, 40, 44, 61, 65, 67, 68, 70, 71, 78, 84, 87-90, 92-101, 105, 107, 110, 112, 115, 116, 118, 121-123, 126, 127, 129, 134-136, 146, 149, 150, 153, 156-161, 165-169, 174, 179

ネット・コミュニティ　3, 4, 13-18, 40, 43, 115, 127, 168
ネット・リテラシー　3-11, 15, 32, 33, 37, 40, 42, 44, 47, 48, 51, 53, 57, 59, 60, 69, 70, 73, 78, 84, 109-121, 123, 125-129, 133-138, 141, 142, 144-146, 149-151, 153, 156, 157, 160, 163-166, 168-173, 175
ネット懐疑志向　8, 43, 44, 67, 70, 71, 84, 104-110, 112, 115, 116, 118, 122, 127, 128, 134-136, 146, 149, 150, 153, 156-161, 165-169, 180
ネット操作力　8, 42, 44, 60, 61, 67, 68, 70, 71, 78, 97-104, 110, 112, 115, 116, 118, 121-123, 126-129, 134-136, 146, 149, 153, 156-161, 165-168, 174, 179

### ◎ は 行

バイラル動画広告　105-107, 109
ブランド・コミュニティ研究　4, 27, 28, 32
ぷれままクラブ　17, 18
ブログ　19-24, 47, 48, 67, 85, 97, 98
プロフィール機能　84, 85, 104
文化変数　118, 129, 134, 135, 146, 149, 150, 153, 165, 166, 180

### ◎ ま 行

マイミクシィ機能　84, 85
メディア・リテラシー　4, 33, 35-39, 43, 44, 53, 57, 168
メディアの利用と満足　4, 33
メディア利用研究　4, 8, 33, 168, 169
モバゲータウン　47-51

## ◎ ら 行

リアル・コミュニティ 15, 16, 27
離脱 8, 18, 34, 41, 51, 57, 59, 60, 65, 66, 68, 111, 127, 145, 150, 166-168
離脱者 5, 6, 8, 10, 11, 59-63, 65-70, 111, 115-117, 126, 127, 129, 133-135, 145, 146, 149, 150, 153, 165, 166
利用頻度 5, 6, 8, 10, 11, 44, 48, 51-53, 57, 59, 69-71, 111, 117, 118, 122, 123, 127-129, 133-136, 146, 153, 156, 157, 160, 161, 165, 166-169, 171, 173, 174, 175, 177
利用頻度と利用期間 51

法政大学イノベーション・マネジメント研究センター叢書6
■ネット・リテラシー
――ソーシャルメディア利用の規定因――

■発行日――2013年3月26日 初版 発行　〈検印省略〉

■著　者――西川　英彦・岸谷　和広
　　　　　　水越　康介・金　　雲鎬

■発行者――大矢栄一郎

■発行所――株式会社　白桃書房
　　　　　〒101-0021　東京都千代田区外神田 5-1-15
　　　　　☎ 03-3836-4781　℻ 03-3836-9370　振替 00100-4-20192
　　　　　http://www.hakutou.co.jp/

■印刷・製本――藤原印刷

© Hidehiko Nishikawa, Kazuhiro Kishiya, Kosuke Mizukoshi, Woonho Kim and The Research Institute for Innovation Management, Hosei University, 2013 Printed in Japan　ISBN978-4-561-66204-4 C3363

本書のコピー，スキャン，デジタル化等の無断複製は著作権法上での例外を除き禁じられています。本書を代行業者等の第三者に依頼してスキャンやデジタル化することは，たとえ個人や家庭内の利用であっても著作権法上認められておりません。

JCOPY 〈(社)出版者著作権管理機構 委託出版物〉
本書の無断複写は著作権法上での例外を除き禁じられています。複写される場合は，そのつど事前に，(社)出版者著作権管理機構（電話 03-3513-6969，FAX 03-3513-6979，e-mail：info@jcopy.or.jp）の許諾を得てください。
落丁本・乱丁本はおとりかえいたします。

# 好評書

## 法政大学イノベーション・マネジメント研究センター叢書

渥美俊一【著】矢作敏行【編】
**渥美俊一チェーンストア経営論体系[理論篇Ⅰ]** 　本体 4,000 円

渥美俊一【著】矢作敏行【編】
**渥美俊一チェーンストア経営論体系[理論篇Ⅱ]** 　本体 4,000 円

渥美俊一【著】矢作敏行【編】
**渥美俊一チェーンストア経営論体系[事例篇]** 　本体 4,000 円

宇田川勝【監修】宇田川勝・四宮正親【編著】
**企業家活動でたどる日本の自動車産業史** 　本体 2,800 円
　―日本自動車産業の先駆者に学ぶ

宇田川勝【監修】長谷川直哉・宇田川勝【編著】
**企業家活動でたどる日本の金融事業史** 　本体 2,800 円
　―わが国金融ビジネスの先駆者に学ぶ

西川英彦・岸谷和広・水越康介・金　雲鎬【著】
**ネット・リテラシー** 　本体 2,700 円
　―ソーシャルメディア利用の規定因

---

矢作敏行・関根　孝・鍾　淑玲・畢　滔滔【著】
**発展する中国の流通** 　本体 3,800 円

稲垣保弘【著】
**経営の解釈学** 　本体 3,300 円

---

東京　**白桃書房**　神田

本広告の価格は本体価格です。別途消費税が加算されます。